动物类

黄筛孔蜈蚣 *Ethmostigmus flavescens*

金环胡蜂 *Vespa mandarinia*

白唇竹叶青 *Trimeresurus albolabris*

野外科学考察 安全手册

缅甸颈槽蛇 *Rhabdophis leonardi*

球须刺蛾属 *Scopelodes* sp.

瓦氏类蝎 *Scorpiops vachoni*

西南眼镜蛇 *Naja fuxi*

西双版纳热带植物园动物行为与环境变化研究组

苍山拟裸蝗 *Conophymacris cangshanensis* 　狭顶狭蚱 *Xistra strictivertex*（邓瑶　摄）
（尹志龙　摄）

巨拟叶䗵斯 *Pseudophyllus titan* 　　　双斑蟋 *Gryllus bimaculatus*（马晓锋　摄）
　　　　　（邓瑶　摄）

双斑蟋 *Gryllus bimaculatus*（王斌　摄）

莱灰蝶幼虫 *Remelana jangala*（李金涛 摄）

绿刺蛾幼虫 *Parasa* sp.（熊江 摄）

豆粒银灰蝶 *Spindasis syama*（杨云 摄）

白蚁 *Termites* 兵蚁和工蚁（中间为工蚁）（邓瑶 摄）

长尾大蚕蛾 *Actias dubernardi*（彭艳琼 摄）　　双齿多刺蚁 *Polyrhachis dives*（杨大荣 摄）

蚂蚁 Ants 幼虫和蛹（邓瑶 摄）　　蝉 Cicada（赵俊军 摄）

鼎异色灰蜻 Orthetrum triangulare（杨国辉 摄）　　木棉丛角天牛 Diastocera wallichi
（杨大荣 摄）

吕宋斑龙虱成虫 *Hydaticus luczonicus*
（邓瑶　摄）

兰花螳螂 *Hymenopus coronatus*
（苗白鸽　摄）

东方蜜蜂 *Apis cerana*（杨大荣　摄）

蜘蛛 *Spider*（王济彤　摄）

蚯蚓 *Pheretima tschiliensis*（柴勇　摄）

## • 野生水果

火棘
*Pyracantha fortuneana*

狭叶火棘
*Pyracantha angustifolia*

狭叶火棘
*Pyracantha angustifolia*

大乌泡 Rubus pluribracteatus

绢毛悬钩子 Rubus lineatus

华西悬钩子 Rubus stimulans

茅莓 Rubus parvifolius

毛葡萄 *Vitis heyneana*

硬齿猕猴桃 *Actinidia callosa*

狗枣猕猴桃 *Actinidia kolomikta*

中华猕猴桃 *Actinidia chinensis*

苍山越橘 *Vaccinium delavayi*　　　荚蒾叶越橘 *Vaccinium sikkimense*

长叶水麻 *Debregeasia longifolia*

水麻 *Debregeasia orientalis*

缫丝花（刺梨）*Rosa roxburghii*

金樱子 *Rosa laevigata*

地果 *Ficus tikoua*

八月瓜 *Holboellia latifolia*

植物类

樱桃
*Prunus pseudocerasus*

细齿樱桃
*Prunus serrula*

川西樱桃
*Cerasus trichostoma*

余甘子
*Phyllanthus emblica*

山楂
*Crataegus pinnatifida*

云南山楂 *Crataegus scabrifolia*

## • 野生坚果类

刺榛 *Corylus ferox*

短刺栲 *Castanopsis echidnocarpa*

茅栗 *Castanea seguinii*

高山栲 *Castanopsis delavayi*

华山松 *Pinus armandi*

## • 野菜类

蒲公英 *Taraxacum* sp.

平车前 *Plantago depressa*

毛轴蕨 *Pteridium revolutum*

葛 *Pueraria montana*

青葙 *Celosia argentea*

野茼蒿 *Crassocephalum crepidioides*

马齿苋 *Portulaca oleracea*

蕺菜 *Houttuynia cordata*

聚花草 *Floscopa scandens*　　　鸭跖草 *Commelina communis*

钝叶眼子菜
***Stuckenia amblyophylla***

豆瓣菜 *Nasturtium officinale*

秋鼠麴草 *Pseudognaphalium hypoleucum*　　鼠曲草 *Pseudognaphalium affine*

长托菝葜
*Smilax ferox*

菝葜 *Smilax china*

野蕉 *Musa balbisiana*

云南芭蕉 *Musa yunnanensis*

## • 根茎类

大白茅 *Imperata cylindrica* var. *major*　　白茅 *Imperata cylindrica*

黄精 *Polygonatum sibiricum*　　卷叶黄精 *Polygonatum cirrhifolium*

薯蓣 *Dioscorea polystachya*

白及 *Bletilla striata*

野百合 *Lilium brownii*

野外科学考察 安全手册

冲锋裤

冲锋衣

帆布胶鞋

野战靴

睡袋

木乃伊睡袋

常用户外装备

帐篷

伞绳

自动充气垫

手持对讲机

登山手杖

罗盘

手持对讲机

手持GPS

## 野外科学考察 安全手册

丛林之王2号

瑞士军刀

户外运动表　　　　煤油打火机　　　　应急救生毯

风油精

缓降扣

火镰

云南白药　　　　清凉油　　　　　　　　蛇药

28

# 野外
## 科学考察
## 安全手册

柴 勇　韩联宪 / 主编

中国林业出版社
China Forestry Publishing House

## 图书在版编目（CIP）数据

野外科学考察安全手册 / 柴勇，韩联宪主编．
北京：中国林业出版社，2024.11. -- ISBN 978-7
-5219-3050-4

Ⅰ．N8-62

中国国家版本馆 CIP 数据核字第 20240639QZ 号

**完成单位：** 云南省林业和草原科学院
云南省野生动植物保护协会

**基金支持：** 云南省基础研究专项重大项目"苍山综合科学考察"（202201BC070001）

策划编辑：张衍辉
责任编辑：张衍辉　葛宝庆
封面设计：北京鑫恒艺文化传播有限公司

出版发行：中国林业出版社
　　　　　（100009，北京市西城区刘海胡同7号，电话010-83143521）
电子邮箱：cfphzbs@163.com
网址：www.cfph.net
印刷：河北京平诚乾印刷有限公司
版次：2024年11月第1版
印次：2024年11月第1次
开本：710mm×1000mm　1/16
印张：7.5
字数：123千字
定价：58.00元

## 编委会

**主　编**

柴　勇　韩联宪

**副主编**

武　力　李园园　权锐昌　赵灿军

**参加编写人员**

（按姓氏汉语拼音排序）

蔡　杰　柴　勇　符阳山　韩联宪
角媛梅　李家华　李孙玲　李园园
权锐昌　武　力　向春雷　姚　云
　　　　赵灿军　郑粉双

**供　图**

蔡　杰　柴　勇　陈　罡　李园园
刘　成　马小磊　权锐昌　武　力
　　　　彭艳琼　向春雷

**审　校**

钟明川

# 前言

荒野求生，自古为人类生存之技能。随着经济社会发展，人们身处物质文明高度发达的现代社会，野外生存和化解危机的实践机会不多，技能越来越弱，舒适生活环境已使人们的野外生活史日趋空缺。然而，自然灾害不可避免，一旦遇到，具备野外生存技能尤其关键。特别是当前，许多行业涉及野外工作，还有日益增多的自然爱好者、科考旅游者加入野外考察、旅游、研学等活动中，若在野外突遭灾难性变故，如遇到突发性极端天气、野兽威胁、身体不适、进入危险环境等，通常使人无所适从、不知所措，导致人身安全受到威胁。野外遇险，除须具备顽强求生意志、冷静判断外，掌握科学求生知识，采取正确措施获取生存机会至关重要。

野外生存涉及的科学知识十分丰富，经验性技能多样，野外安全防护知识经前人不断总结得以在社会上流传，但这些知识分散，对野外工作如何处置遇险，如何确保人身安全和做好安全防护还不聚焦，不够科学、专业。近年来，一些野外工作者，因野外生存经验不足，知识局限，不能从容应对野外险情而发生重大事故，甚至付出生命代价。包括学生在内的经常在荒野开展各类科学考察、研究、教学的人员，从事各种野外巡护的人员，以及大量的自然爱好者，野外遇险概率较高。2022年，云南省林业和草原科学院联合中国科学院昆明植物研究所、中国科学院西双版纳植物园、云南师范大学、云南省林业调查规划院、大理大学、大理白族自治州林业科学研究所、北京市海淀区山水自然保护中心等单位共同承担云南省基础研究专项重大项目"苍山综合科学考察"，项目执行期为2022年1月至2024年12月。苍山是横断山脉云岭山系的重要组成部分，有十九峰十八溪，其最高峰马龙峰（海拔4122m），与东坡大理盆地（海拔1966m）相对高差为2156m，与西坡最低处平坡漾濞江边（海拔1360m）相对高差2762m，地形和气候十分复杂。这次综合科学考察涉及的内容为历史之最，要圆满完成任务，首先须克服安全防范困难。为保障科学考察安全，项目组借助云南省野生动植物保护协会韩联宪教授编制的《野外工作安全手册（初稿）》，在苍山野外科考及其他野外调查中边实践，边修订，结合云南山地荒野特点，最终形成《野外科学考察安全手册》。

野外科研工作是自然科学发展的重要基础，掌握必备的野外工作技能是科技人员顺利完成野外科研任务的基本保障。《野外科学考察安全手册》内容包括野外工作的准备、基本装备、出行安全、露营、食物、避险、急救、遇险求生及救援等基本知识，以及法律法规的掌握、身心健康的调整等。该书特点鲜明，科学性、操作性强，若在野外遭遇险情，可快速提供正确的方法处置。其内容虽以科学考察工作为题材，但涉及野外工作、探险、研学等人员均可参考，是一本使用群体十分广泛的野外安全技能专著。野外工作应当严格遵守国家、地方有关法律、法规及规章，书中有涉及猎捕和食用野生动物、森林中用火等方面的内容，若与我国野生动物保护、森林防火方面的法律、法规的规定相悖，在不危及生命的情况下，不宜付诸实践。由于各地的地理区位及环境有差异，该书尚不能完全涵盖荒漠、冰原等区域的野外求生技能，在今后的工作中将逐步完善。

特别感谢苍山综合科学考察参与人员的贡献！感谢云南大学附属医院王昆华院长为本书提供咨询意见！

编者<br>2024年3月于昆明

# 目录

前言

## 第1章 野外工作计划和准备 ... 1
1.1 贮备知识和技能 ... 1
1.2 正确认识丛林险境 ... 2
1.3 准备物资器材 ... 4
1.4 收集信息 ... 4
1.5 评估队员体能和经验 ... 5
1.6 组织团结合作的队伍 ... 6
1.7 做好行前适应训练 ... 6
1.8 制定野外考察方案 ... 7

## 第2章 野外工作基本装具 ... 8
2.1 服装 ... 8
2.2 背包 ... 11
2.3 睡袋 ... 12
2.4 防潮垫 ... 13
2.5 帐篷类型与特点 ... 13
2.6 刀具 ... 14
2.7 手杖 ... 17
2.8 常用器材 ... 17
2.9 地形图 ... 19
2.10 野外考察其他必须常用物品 ... 20

## 第3章 出行安全 ... 21
3.1 地形图及罗盘使用 ... 21
3.2 背包使用 ... 24

  3.3 行走技巧 ·············································· 25
  3.4 攀登陡崖 ·············································· 28
  3.5 记路和做路标 ·········································· 28
  3.6 迷路处置 ·············································· 30
  3.7 野外定向 ·············································· 31

第4章 野营、露营 ············································ 32
  4.1 野营 ·················································· 32
  4.2 露营 ·················································· 33
  4.3 篝火知识 ·············································· 35

第5章 饮水和食物 ············································ 39
  5.1 饮水知识 ·············································· 39
  5.2 寻找水源 ·············································· 41
  5.3 水的处理 ·············································· 42
  5.4 食品种类和特点 ········································ 43
  5.5 炊具 ·················································· 44
  5.6 可食野生植物 ·········································· 46
  5.7 植物食用处理 ·········································· 53
  5.8 采食野生蘑菇 ·········································· 54
  5.9 捕食无脊椎动物 ········································ 55
  5.10 捕食脊椎动物 ········································· 57
  5.11 动物食物处理 ········································· 60

第6章 动物伤害和自然险情防范 ································ 61
  6.1 有毒动物咬伤防范 ······································ 61
  6.2 吸血动物叮咬防范 ······································ 75

  6.3 大型动物伤害防范 ·················································· 78
  6.4 森林火灾躲避 ························································ 80
  6.5 雷击防范 ······························································ 81
  6.6 山洪与泥石流防范 ·················································· 82

## 第7章 野外常见伤病和外伤应急救护 ······································· 83
  7.1 常见外伤症状及处理 ··············································· 83
  7.2 意外损伤应急处理 ·················································· 90
  7.3 溺水急救 ······························································ 92
  7.4 高山反应 ······························································ 92
  7.5 低温症 ·································································· 93
  7.6 常用急救方法 ························································ 94
  7.7 搬运伤患者 ··························································· 96
  7.8 特别提醒 ······························································ 99

## 第8章 野外遇险求生与救援 ·················································· 100
  8.1 掌握野外遇险求生技能的意义 ································ 100
  8.2 野外遇险求生成败的因素 ······································ 100
  8.3 野外遇险所需生存知识和技能 ································ 101
  8.4 不同环境遇险求生原则 ········································· 102
  8.5 野外遇险后呼救方式 ············································ 104
  8.6 自救脱险 ···························································· 105

## 第9章 法律法规及民族风俗知识 ·············································· 107
  9.1 遵守相关法律法规 ··············································· 107
  9.2 重视森林、草原防火 ············································ 108
  9.3 借宿民居注意事项 ··············································· 108

**主要参考书目** ························································································ 110

# 第 1 章
# 野外工作计划和准备

中国古谚有云:"凡事预则立,不预则废。"

重视野外生存安全,是对生命的尊重;实施野外科学考察或荒野活动,"安全第一,生命至上"是首要原则。出发前必须做好充分的计划和准备,方能降低野外工作遭遇不测的风险发生概率,保证野外科学考察顺利实施,达到预期目标。

## 1.1 贮备知识和技能

野外工作和荒野活动具有两个基本特点:一是以人力、畜力或乘坐汽车、船舶等方式,穿越条件恶劣的自然环境;二是考察过程中需要观察,收集数据和实物,用文字、图像等对考察对象、考察过程及考察区域进行客观细致的描述和记录。

野外科学考察通常在恶劣的自然环境中进行,需要考察者具备丰富的知识和良好的心理素质。野外考察对于研究工作者来说,是最基本的工作;扎实的野外考察,往往是一项优秀研究的基础。当然,对于众多从事野外巡护和自然保护的工作者,野外观测同样是做好工作的基本环节。一些自然爱好者也越来越热衷于野外考察,在锻炼体魄、欣赏自然之美中学习科学知识。因此,不仅要懂自己的专业,也要知晓生物、水文、地理、地质、气象、测绘、民俗、医疗急救、野外器材使用等知识，保障野外遇险时，能及时选择科学的方式脱险。

野外遭遇危险和意外时，要求考察者具有极好的心理素质和弹性思维，能冷静思考、分析面临的困境，打破常规、常识，积极尝试寻求多种解决方法。这些优秀素质的培养和知识的获得，需要经过长期的学习和实践。随时保持好学的热情和进行实践的欲望，才能不断学到新的知识、经验及技能。倘若自身心理素质不好，遇到困境后只会怨天尤人、长吁短叹，或者不能冷静分析客观形势，固执己见、一意孤行，缺乏合作精神，不能与同伴协商决策，一旦在野外陷于险境，极有可能给自己及同伴带来毁灭性灾难。

无论人类的科学技术怎样发达，器材装备怎样精良，大自然仍然具有不可征服的强大力量。在野外工作和科学考察中，我们应该学会敬畏自然，顺应自然，而不是与自然叫板，幻想征服自然。无论我们掌握多少知识，具备多么强健的身体，均要对自然心存敬畏，切忌肆无忌惮、无知无畏。任何违背自然规律的野外科学考察或探险活动，都隐藏着极大的风险，有时甚至会导致考察人员遭遇灭顶之灾，大自然惩罚、教训人类已经有不胜枚举的事例。

## 1.2 正确认识丛林险境

森林，生命摇篮，是人们向往之处，也是险象环生之地。云南作为森林面积位居中国第二、森林植被类型最丰富的山地省份，森林景观之美和丛林之险交织，成为世界野外科学考察最具吸引力的区域，并为人们认识丛林险境、获得经验提供了很多机会、条件。野外科学考察人员如果没有足够的森林里活动的阅历，独自进入森林通常会产生恐惧，因为森林树木丛生，树冠茂密，光线不足，进入其中之后，不易判断方向和自己的位置，经常会搞错目的地和行进路线；而在旷野、草原、沙漠地区，周围几十千米景色一览无余，方向、行进路线和目的地都能看得清清楚楚。其实，这是对森林认知的缺乏造成对森林的恐惧，只要有森林中活动的实践经验，对森林的恐惧也会逐渐消失。

首先，要学会辨别森林中稀奇古怪的声响。丛林声响往往会对从事野外工作的人员造成很大的心理压力，特别是置身沉沉黑夜中，很容易产生关于妖魔鬼怪的联想，自己吓唬自己。其实，森林中的奇怪响声可分为三类：一类是风声、水流响声；另一类是树干枝条互相摩擦发出的响声；还有一类是动物发出的叫声。认识、了解森林中奇怪声响的类型和来源，对森林就不会感到恐惧。

风在林中流动，与不同的树木产生摩擦，发出悦耳声音或呼啸声音，还会吹动树干枝条相互摩擦发出声音。不同的响声和响声大小均与风速有关，风越大，声音越响。枝条和树叶发出的声音大多是沙沙声或唰唰声，而彼此紧靠在一起的树干互相摩擦，发出的响声非常怪异，有咯咯声、咯吱声及嘎嘎声，突然听见往往令人心惊肉跳，特别是月黑风高之夜，让人惊恐。

森林涵养水源功能强大，林中河流、沟渠、泉水、瀑布众多，在水流经过的区域，在林间发出哗哗声、叮咚声、咕咕声，时而悦耳动听，时而仿佛山雨欲来。

森林中有些动物的叫声，会让不熟悉动物叫声的人听了发怵。例如，鼯鼠夜间活动，经常在大树上发出"啊、啊、啊"的叫声，如同小孩啼哭。赤麂是性情温和的食草动物，受到惊吓后会发出"汪、汪"的粗声大气的吠叫，音量巨大，摄人心魄，不熟悉赤麂叫声的人常误以为是什么猛兽。一些猫头鹰的叫声也很怪异：领角鸮会发出"呕、呕、呕"的叫声；雕鸮的叫声是低沉的"哼哼、哼哼"声，十分瘆人；灰林鸮的叫声响亮刺耳，为"呼、喝、喝、呼"；褐鱼鸮的叫声最为怪异，为"呼、呼、呼、哈哈……"，先似低吟，逐渐升高转为狂笑般的怪叫。初次在森林中听见这些五花八门的怪叫，大多数人都会心跳加速，汗毛竖立。但弄清森林中的怪声异响来源后，知道它们大多是不会对人造成伤害的动物发出的声音，甚至是风声、水声及树木摩擦声，慢慢就会习惯，不再感到害怕。

对森林的另一种恐惧是由毒蛇、毒虫以及豺狼虎豹等猛兽引发的。没有森林考察活动经验的人员，刚进入森林时会以为里面到处都有动物，如豺狼虎豹，甚至感觉它们就隐蔽在附近的大树后面，随时准备袭击人。在中国，森林中的大型动物虽然经过多年保护，种群数量已经得以逐渐恢复，但是能对人构成威胁，甚至造成伤害的猛兽还是比较稀少的。在森林中与大型动物相遇并受到攻击的事件，只发生在某些特定的区域。很多动物发现有人接近就迅速逃走，人们看它一眼的机会都很少，通常不用担心被它们袭击。如果人们在森林里结伴而行，边走边讲话，发出声响，被动物攻击的可能性就更小。当然，在人迹罕至的偏远山区，野象、黑熊、野猪、野牛等大型动物伤人的事时有发生。因此，我们要积极了解动物的习性，主动防范，最大限度地降低被野生动物攻击的概率。

## 1.3　准备物资器材

科技发展，使野外科学考察有很多先进装备供选择。普通的野外科学考察，一般选择使用便捷、实用、价格适宜的器材。组织野外科学考察，要根据考察的人员规模、考察性质、考察时间及周期，以及考察地区的自然环境，做好充分的物质准备，做好考察前相关科学知识和野外生存能力培训以及训练。在准备过程中分类准备考察用物资器材：一是充足的衣物、帐篷、食品、简易炊具；二是药品和急救用品；三是野外考察必需的专用科研设备及辅助耗材，如数码相机、存储卡、充电宝、电池、记录表格、文具等；四是要携带足够的活动经费。不做好物资、经费准备，不对人员进行专门培训，就去野外开展科学考察，出问题的概率将会大大升高，最终可能导致科学考察半途而废，影响科研工作的顺利实施。

准备物资器材时，应该分门别类列出所需物资器材类型和数量清单，指定专人负责采购和管理。物资清单上应避免列出非必需品，要尽量保证轻装上阵。出发前再由考察负责人对照清单逐一清点，分类装箱打包，指定专人进行管理。

另外还要求野外考察人员能熟练使用智能手机的户外软件，或者能使用罗盘，判读地形图，这样就可以做到在森林中准确辨别方向，确定自己的位置，判断目的地距离，选择适合的行走路线。

## 1.4　收集信息

信息对于野外科考的质量保障十分重要，组织野外科学考察，要尽量收集目标地区的有关资料。一是要详细了解考察地区的地形地貌，森林、湿地、草地等类型分布情况，记录过的重要野生动植物，以及天气特点；二是要尽量收齐道路通行情况、村庄及居民点信息，以及当地的民族、风俗习惯等信息，并高度关注哪些地方可以提供食宿，哪里能找到饮水，哪个季节去野外考察最为适宜；三是要了解其他人对该地区做了什么样的调查，成功经验有哪些，失败的教训是什么，是否留下文字资料，活动路线轨迹是怎样的，以及自己此次考察，行前要做哪些准备，可能会遇到哪些问题，一旦遇上意外变故，采用何种应对方案处理；四是要了解所考察的目标区域是否属于自然保护地，如属于保护地，要根据自然保护地的管理的相关法律、法规进行申请或备案。总之，关于科学考察的资料信息收集越齐全，行前问题分析做得越充分，科学考察就越可能进行得顺利。

这次考察作为专业科学考察，尽量收集考察地区的地形图、地形景观照片、科学考察报告等图片和文字资料，在手机中下载保存该区域的离线电子地图。如果有在该地区进行过考察或探险活动的其他人士，直接拜访他们，听取他们对考察地区的地理人文、地形地貌、气候特点的介绍。如果不属于专业考察，也应该通过收集资料学习更多的科学知识。

## 1.5　评估队员体能和经验

考察工作前，科学考察的组织者要对整个团队的所有成员进行体能和野外经验掌握的评估，团队成员中哪些人体能不适宜野外工作？哪些人经验比较丰富？哪些人是新手？新手需要进行行前专业培训和体能锻炼。整个团队成员的知识、经验、装备及经费是否能够支撑完成该项科考任务，是每个参与者都要了解的内容。作为参与者，首先要对自己的能力进行评估，以自己现有的经验、知识、装备、体能，参与完成这项科学考察任务的把握有多大？自我评估要有正确的认识，往往评估团队和别人比较容易，正确评估自己却不容易。估计过高，可能会在野外科学考察中应付不了突发的意外变故，把自己弄得狼狈不堪，甚至险象环生。如果进行第三方能力评估，考察团要将考察目的地的气候、环境、团队成员体能和经验等实际情况准确提供给第三方，避免评估过高，导致考察出现意外。一旦出现人员体能及经验不能满足科考需求，有可能在环境特别恶劣的高原、荒漠、山地丛林中发生事故，甚至导致出现生命危险。估计过低，则可能失去一次成功的机会。

## 1.6 组织团结合作的队伍

科学考察及其他野外工作常以团队合作的形式进行，合作精神、协作能力是团队在野外顺利开展工作的两个关键因素。在科学考察和其他野外工作队伍组织过程中，最好安排几名经验丰富的老手参与，请擅长组织并有丰富野外工作经验的人员领队，不宜是清一色的新手。若到偏远地区考察，经验丰富队员的比例要占一半或更多，遇到意外情况，才能保证他们发挥核心和骨干作用，化解险情。考察团队若有几位活泼开朗、幽默风趣的人同行，一定会给整个野外工作增色不少。野外考察活动最忌讳工作过程中出现意见分歧、队伍分裂的情况。因此，对于固执己见、我行我素、缺乏团队精神、意志脆弱的人员，不宜安排其参与考察或到边远、艰苦、环境条件恶劣的野外参与团队任务执行。

另外，向导必不可少！应对聘请的向导提前进行考察，通过各种渠道了解其对区域步行线路的熟悉程度和野外经验、道德品质、脾气秉性等。道德品质和脾气秉性不好的人参与野外考察工作，会造成很多意想不到的困难，即使野外经验再丰富，也不宜聘用。此外，聘请当地人做向导工作，除上述因素需要考虑外，还要注意是否具有有利于工作的年龄和身体。

## 1.7 做好行前适应训练

野外科学考察人员的体能训练必不可少。科学技术的进步，为人们的生产生活带来很多便利，出门有车，进门有现代化生活设施，步行次数大幅度减少，体力活减少，加之当代社会工作节奏快，不少人平时忙于工作，缺少体育锻炼，体能欠佳，干点体力活，稍微运动，就气喘吁吁。这样的身体状况，要完成高强度的野外科学考察任务，十有八九会力不从心，即使是参加有意义的户外活动，也感受不到其中的快乐。因此，经常从事野外工作的人，平时要注重身体锻炼，特别是要前往特殊地区的大型长期野外科学考察，行前应专门进行体能适应训练。野外工作要求参加者有较好的步行耐力和负重能力，四肢力量和关节的柔韧、灵活也很重要。

科学考察体能训练不仅有益于专业人员，也可以吸引各类喜爱自然的人员参加，助力全民健康。比如，科学考察体能训练可以从娃娃抓起，通过户外科学知识的普及、研学、自然教育等活动，让青少年从小受训，既学习了科学知识，认识自然之美，又强健了体魄。对于成年人，体能训练可以是通过跳绳、跑步、游泳等方式锻炼肺活量；通过做俯卧撑、引体向上、举重、负重下蹲等进行力量训练；四肢和关节柔韧性训练上可采用压腿、踢腿、劈叉、弯腰等方法进行锻炼。

## 1.8 制定野外考察方案

考察方案是使科考工作顺利完成的纲领性文件，是科考人员统一行动的基础。一旦确定野外考察地区、考察任务及考察人员，应制定详细的科学考察方案，严格按照考察方案组织实施科学考察活动。考察方案主要包括以下内容：考察地的自然条件、交通条件及出行的详细交通计划，考察地的人口分布和民族风俗及请向导的安排，人员的组成和考察中的分工，装备、物资清单及数量及作用发挥，考察的工作任务安排，以及经费使用等事项。考虑到野外科学考察的艰苦性，自然因素多变性，以及突发事件的复杂性，要预见可能发生的特殊情况，制定科学考察的预备方案。此外，还要制定应对突发事件的应急方案，如突发极端天气产生的各种应急情况、交通阻断产生的情况、队友身体出现问题需要紧急处理的情况等。有备无患，一旦发生意外情况，即可迅速启动预备方案或应急方案处置。

# 第 2 章
# 野外工作基本装具

野外科学考察，经常会使用背包、帐篷以及定位、定向等的器材。目前，社会上可供选择的野外科考器材种类繁多。本章主要介绍常用的通用装具和器材，并对使用方法作简单介绍。

## 2.1 服装

### 2.1.1 衣服

野外科学考察，通常会遇到多变的天气和不同的海拔，在一天中可能会经历春、夏、秋、冬四季气候，所以选择适合的衣服尤为重要。外衣要选择有可拆卸式保暖内胆的冲锋衣，衣服的颜色要鲜艳，如红、黄、蓝，在迷路或被搜救时便于被发现，在行走时也易被队友识别；尽量别选绿色冲锋衣。冲锋衣的优点是防风、防水、保暖、耐刮、耐污。内衣要选择速干长袖或短袖。天气热时，可以只穿速干内衣；凉时可将冲锋外衣穿上；遇到极寒天气时，在速干内衣外面加一件保暖衣。

### 2.1.2 裤子

户外运动所穿的衣裤，都要有其必要的功能性，能够帮助我们在运动中有良好的表现。登山裤种类繁多,挑选时应考虑自己的行程、习惯等。如果攀登高山,变化莫测的天气也应该纳入选购考虑因素。棉质布、牛仔布料绝对是禁止的。早期有许多驴友因当时的登山装备并不普及,知识也没有那么充足,常穿棉质布裤或是牛仔裤登山,但其实这是非常危险的一件事,因为棉质布、牛仔布一旦湿透就很难晾干,除增加布料重量外,还会失去保暖效果,若在山上,可能会造成人体失温而使人丧命。

野外科学考察穿的登山裤要从以下几个方面考虑选择。

(1) 材质、面料

登山裤方面应挑选能透气、排湿、吸汗的材质,如聚酯纤维、羊毛等,若冬季登山,建议内层穿一条具保暖功能的薄裤,外层再穿具防风、防水作用的耐磨登山裤。

(2) 防风防水效果

在登山徒步时最怕的就是衣物因遇雨而潮湿,所以衣物的防水性非常重要,若有防风效果更能让自己免于受寒。因此,防风防水或防泼水是登山裤必备的功能之一。

(3) 耐磨、有弹性

登山裤要有耐磨性,因为在登山过程中很容易与植物或是岩壁产生摩擦,好的登山裤能防止在通过特殊地形时被磨破或钩破。弹性也是登山裤选择需要考虑的,不管在行走、攀岩过程还是爬坡过程中,迈出大动作的步伐都需要一件有弹性的裤子来支撑。

(4) 重量

登山裤材质上一般要求尽量轻便。现在市面上也有许多主打轻量快干的裤子,但这类裤子在保暖方面不尽如人意。购买时只能根据季节和个人的习惯、耐寒程度来做取舍。

(5) 保暖和多兜

登山裤有厚薄之分,冬天穿厚一点,保暖效果会更好。至少在腿侧要有一个兜,使你唾手可得。裤子里面带拉链的安全兜,可存放必要的物件。

另外,登山裤多半紧身,晚上休息时要注意换掉,让腿部肌肉放松。如果比较怕冷，可以再准备一件晚上在营地穿的保暖裤，使睡眠更好。

#### 2.1.3 鞋与袜

##### 2.1.3.1 鞋的种类与特点

在地形崎岖的山地森林中从事野外工作，时刻需要步行，选一双适合的野外工作鞋非常重要。野外工作鞋分为4个类型，各有特点。

①户外活动专用靴：特点是设计精良，用料讲究，坚固耐磨，防水性、透气性及保温性好，但价格昂贵。

②普通旅游鞋：设计用料和制作不如专用的野外工作鞋，质量稍逊一筹，但防水性、透气性及保温性较好，是野外科学考察和户外活动中最常用的鞋。

③军用陆战靴：用帆布或皮革做靴帮，靴底厚且硬，不怕竹茬、树茬，穿着不是很舒适，适合在坡度较缓的热带森林和沼泽森林里使用。

④轻便帆布胶鞋：俗称解放鞋，特点是轻便，适用范围广，价格亲民，湿后易干，但穿着的舒适性较差，保温性能不好，防湿性也较差。

前3类鞋的鞋底较硬，在碎石路或崎岖不平的石质山道上容易滑倒。解放鞋很适合中国南方山区的碎石路和崎岖不平的山道行走，但防水性能较差，雨天不好用。野外考察若选解放鞋，优先选粗纹防滑型高腰解放鞋。此外，解放鞋的橡胶鞋底易燃，遇险求生时可作引火物，用于燃点篝火，其他的鞋则不具备这个特点。

##### 2.1.3.2 穿鞋知识

野外工作切记不要穿新鞋，新鞋可能会磨脚，使考察活动受影响。要穿平常穿习惯的鞋，以七八成新为宜，既舒适又不至于因破旧而在考察中途坏掉。穿鞋要系紧鞋带，随时检查，以免被松开的鞋带绊倒。鞋中一旦有异物，及时处理、拿掉。在泥泞道路行走，为解决防滑问题，可将草鞋套穿在上述几种鞋的外面，防滑效果很好。

野外工作最好准备两双鞋，一双专用于白天行走考察，另一双保持干燥，供到达宿营地之后和夜间休息用。每天晚上宿营时，要认真检查双脚，换上干燥的鞋袜，若脚掌磨出水泡要及时处理。

##### 2.1.3.3 袜子

野外考察穿什么袜子经常被忽视，其实袜子在野外工作中也很重要。羊毛袜子柔软，保温耐磨，富有弹性，是野外工作中的理想选择。以80%羊毛和20%尼龙混纺的羊毛袜子最好，也可以考虑选购比较厚的尼龙袜或混纺袜。有时为提高保温能力和耐磨程度，也可将两双普通袜子套穿。但穿两双袜子行走时，要注意不要让袜子重叠形成皱褶，否则容易使脚磨起泡或磨伤，不仅疼痛，而且容易分散注意力，引起意想不到的危险。

## 2.2 背包

### 2.2.1 背包类型与结构

根据用途不同，背包可分为专业户外背包、长途旅行包、自行车包、小型背包、背架包及背架等。野外科学考察通常选择专业户外背包。其特点是设计合理，背带宽大结实呈"S"形，背带在胸部有固定带，并有分散重量的腰带，背带和腰带的长度能调节，负重行走感觉舒适，而且两侧有边袋，顶盖有顶袋，物品取用方便。包上有物品固定带，可供捆绑睡垫、砍刀、冰镐、手杖等用具。

背架式背包是在户外背包的结构基础上，增加了特别设计的金属架隔垫或尼龙隔垫，让人体背部和背包的接触面积减小，有利散热和汗水挥发，适合在热带地区或夏天使用，但背架式背包的容积通常偏小，装不了太多物品。

背架是用轻质铝合金管或工程塑料管制成的特殊背负工具，适合在地形崎岖的山区背负大型物品，如多人帐篷、睡袋与大型科学考察仪器设备、摄影箱等器材。

### 2.2.2 背包材料与容积

背包的材料直接影响背包的价格和使用寿命。现在的背包材料主要为尼龙和聚酯纤维，优点是密度高、轻便耐磨，缺点是特别怕火，怕被棘刺钩挂。帆布背包没有上述缺点，但因帆布背包自身较重，现在已经很少有人使用。

野外工作有时需要携带帐篷、睡袋、炊具、食物及相关的物品，因此对背包的容积有一定要求。野外工作最好选用容积在60L以上的大型背包来装这些物品，另外再准备一个20～30L容积的小背包，用于装野外工作日常观察需要携带的笔记本、照相机、望远镜、食物及饮水等。

## 2.3 睡袋

### 2.3.1 睡袋种类及特点

睡袋是野外宿营必不可少的装备，依材料分为羽绒睡袋和化纤棉睡袋两种。羽绒睡袋轻便暖和，但价格较高。羽绒睡袋的充绒量和含绒量越高，睡袋抗低温性能就越好。以含绒量80%的睡袋为例，充绒量在700g时，可在-10℃的气温环境中使用；充绒量达到1500g时，可以抵御-30℃的严寒。若在高海拔地区或冬季野外宿营，需要购买充绒量为700～1000g的羽绒睡袋。专业羽绒睡袋，充绒量、含绒量及适用气温均有说明。通常情况下，野外宿营用化纤棉睡袋就行。化纤棉睡袋重量稍大，价格相对便宜，现在的杜邦七孔棉睡袋也可抵御-20℃的低温。

睡袋式样有木乃伊式和信封式两种。前者依照人体形状制作，上部宽大，脚部瘦小，肩部和头部有抽拉收紧装置，专业睡袋都是木乃伊式。开始时使用木乃伊式睡袋会不习惯，觉得受束缚，用过一段时间才会逐渐适应。

信封式睡袋呈长方形，状如信封，优点是腿部活动范围大，并可根据气温变化将拉链部分拉开，也可全部拉开当被子用，适合普通地区的野外考察宿营。

### 2.3.2 睡袋选购和使用

睡袋属于个人用品，应根据使用者的高、矮、胖、瘦等形体特征选购尺码适合的睡袋。睡袋小了把身体裹得太紧不舒服，睡袋大了则袋内空旷不保暖。

在气温偏低的野外宿营，穿着绒衣、绒裤进睡袋就行，若穿得太多，将睡袋撑得太鼓，破坏了睡袋的空气层，反而不暖和。多余的衣物可以塞在睡袋的脚部和肩部，能增强保暖效果。若气温很低，睡前先做些热身运动，用热水烫脚后再睡，可使睡袋很快变暖。在睡袋外加盖衣物或毯子，能使睡袋的保温性大大提高。在严寒环境中使用睡袋，最好在睡袋外加盖毛毯保温。

睡袋使用中要注意保持干燥，化纤棉睡袋和羽绒睡袋在使用过程中，会吸收人体排出的水分，变得潮湿黏结，失去弹性，保温能力下降。连续使用多天的睡袋，需要在太阳下晾晒去除湿气。

羽绒睡袋不宜多洗，非洗不可时应送专业店干洗。为保持睡袋清洁，可用缝制睡袋套，套在外面和里面，脏了只需清洗睡袋套。化纤棉睡袋可用水洗。

## 2.4 防潮垫

防潮垫和睡袋一样，是野外宿营必不可少的装具。它可使睡眠舒适，更重要的是可防止地面潮气损伤身体，并起到一定的保暖作用。防潮垫有自动充气防潮垫、吹气防潮垫及海绵防潮垫3类。

自动充气防潮垫是专业户外用品，价格较高。优点是打开充气口后能自动吸气，使用前只需用嘴稍稍向垫子内吹气补充部分空气。

国产的气垫床本来是为水上娱乐设计的，也常作为野外宿营的防潮垫使用。这种气垫床睡眠很舒适，能有效隔绝地表湿气，但因重达3kg，需要用嘴吹气十几分钟才能让其充盈，因此不适合负重步行的野外工作使用。

海绵防潮垫用聚氯乙烯发泡材料制造，价格低廉。海绵防潮垫通常较薄，而且不够结实，使用中要注意避免被树枝剐破。将两块海绵防潮垫叠在一起使用，防潮保暖效果会好一些。有些海绵防潮垫在两面分别覆以铝膜和化纤薄膜，以此提高防潮性、保暖性及耐用性。

## 2.5 帐篷类型与特点

帐篷种类较多，按季节属性可分为单季帐、三季帐及四季帐；按形状可分为船底形帐和圆形帐；按大小可分为单人帐、双人帐、三人帐及多人帐；按形状可分为人字型帐和穹庐型帐；按材料分有帆布、橡胶、合成纤维等类型帐；按结构分为单层、双层、三层帐；按支架材料分铝合金支架、碳纤维支架及充气支架帐；按功能可分为休闲帐、野营帐、高山帐。休闲帐多数为单层，通风透气性好，外帐防雨800～1500mm即防小雨，缺点为保暖性差，抗风性差，防雨性一般。野营帐多为双层，通风性好，外帐防雨1500～3000mm即防中至短时暴雨，缺点是保暖性一般，抗风性为抗七级以下。高山帐为四季帐，双层或三层，外帐防雨3000mm以上，即可防长时间暴雨和雪，底帐防雨4000mm以上，结构稳定，抗风性为抗七级以上，保暖性好，缺点是通风性一般。

小型人字型帐篷，可一人架设，但对营地的地面有一定要求，不宜在沙地和土质松软的地方架设，也不便于临时移动。大型救灾帐篷，需多人协作架设。小型的穹庐型帐篷，最大优点是可以随意搬动，技术熟练的人可以独自将其架好，野外露营帐篷现在多以穹庐性结构为主。这类帐篷以防水涤纶布作外层，防雨和保温性能都不错，体积小，重量轻，携带方便，适合野外使用，有单人、双人、三人、四人等不同规格。橡胶充气帐篷因体积庞大沉重，现在被淘汰，使用者极少。

选购帐篷应综合考虑野外科学考察的规模和到达地区的自然特点，通常选择铝合金支架的穹庐型涤纶材料的三层高山帐篷，根据人数多少选择不同大小的高山帐篷。根据天气情况、温差情况再决定搭建一层、二层还是三层。若考察人数较多，还需要携带大型帐篷作为工作帐篷，或搭建大型简易帐篷供工作和用餐等。

## 2.6 刀具

在山野森林从事野外工作，砍刀使用频率很高。穿越丛林开路、做路标、宿营时搭建简易棚舍、劈柴生火、遇险求生时制作捕捉动物的猎具、野外用餐等都离不开刀具。世界各地生活在山地森林中的民族，都有随身携带砍刀的习惯，用刀技巧十分娴熟。

### 2.6.1 砍刀种类和特点

中国砍刀多为手工打造，刀背较厚，有一定重量，工作效率高。中国西南地区少数民族所用砍刀大多为直长形，刀身较长，刀头有钝头和尖头两类。南方山区汉族使用的砍刀多为直弯钩形，刀头带向下的弯钩，可以很好地保护刀刃，并可根据使用目的更换不同长度的木柄刀把。

在美洲和东南亚地区使用的砍刀，形状与中国西南地区少数民族使用的砍刀相似，采用3～5mm的薄钢板制造，系工厂批量生产。这种砍刀非常轻巧，有的砍刀还将刀背做成锯子，增加了功能，但野外工作效率不及重量较大的手工制造的砍刀。

在热带丛林从事野外工作，砍刀主要用途是穿越行进时开路。热带丛林地表灌丛大多是棕榈科植物、竹类、藤本及草本植物，薄刀身的砍刀很好用。在亚热带和温带森林，用砍刀开路的频率要比在热带丛林中低，但需要砍大量的薪柴供宿营烧篝火用，厚刀身的砍刀更为适用。

### 2.6.2 砍刀修磨

保养维护砍刀，使之处于最佳状态，不仅是美观好看的问题，在野外考察的特定环境中，砍刀有时直接关系到使用者的生死存亡。砍刀用钝后要尽快磨利。右手握刀者，磨刀时左侧刀刃要平磨，右侧刀刃略呈45°斜磨。左手握刀者磨刀方法相反。不要左右两面斜磨刀口，这种刀口俗称蚌壳口，容易缺损，不好用。有大磨石时，可将砍刀直接在大磨石上磨。若用长条形油石磨刀，应将磨石沾水后，用磨石去磨刀。将刀头插在地上，左手握刀把，固定砍刀，右手持磨石在刀刃部来回修磨，先用油磨石粗的一面磨出刀刃后，再用细的一面修整刃口。砍刀不用时应放在刀鞘中，为防止遗失，应用细绳拴好挂在身上。

### 2.6.3 砍刀使用技巧

用砍刀砍大树时，先砍树干的一边，具体砍法是以45°角斜砍一刀，平砍一刀，交替进行。当砍到树干的一半后，再到树干砍口的反面，从稍高处下刀砍，直至将树砍倒。注意大树通常朝树干倾斜的方向倒，树干完全垂直时朝树叶多的一面倒，刮风时会顺风倒，倒树前要判断好，注意躲避，不要被倒下的大树砸伤。

将树干砍成几节的方法与砍树相似，砍前先将树干一端用石块或木头垫高，避免树干砍断时，刀砍在地上损坏刀刃。如果对于树干断头要求平直光滑，平砍时落刀部位要保持一致。

用砍刀劈柴火，短的小树干用手竖立，用刀轻砍几下，待刀砍入树干，再用力垂直向下劈，为保护刀刃，下面要垫上大的树干。大的木柴，欲用砍刀劈成小块，可将一块木柴横放在面前，将要劈的木柴一头垂直架于其上，如同斧头一样用砍刀劈砍。

在丛林中穿行，若需用砍刀开路，对于横挡的树枝藤蔓，要两刀三段地砍，取掉中间。对直立的挡道小树和竹藤，砍断后将其保持垂直移到一边，不要耗费精力弄倒再去拖拉。砍时要斜着向下砍，用力干脆迅速，力求一刀一棵。树茬高度保持在20cm左右，树茬留得过高，容易戳腿和膝部，若太低又会戳脚。

通过枝细竿密，弹性很强的箭竹丛时，用砍刀开路反而效果不佳。对于小的箭竹丛应采取拨开压下，或伏身钻行的方式通过。如果非砍路不可，应先用左手将箭竹抓牢，然后再挥刀砍断。在丛林中行进的主要目的是通过，而不是"修路"。因此，能绕则绕，能钻就钻，不要将大量的体力耗费在开路上。

在森林中行进，要尽量选树木高大、林冠郁闭度高的成熟林行走，这样的森林林下藤蔓竹丛少，易于通行。若非迫不得已，切不可从刚长起来的次生林和灌丛中行走，这些地方看起来树木矮小，易于观察，不像老林那样阴森可怕，实际上因藤蔓丛生，是最难钻行的植被类型。

野外工作最好选用直长形的尖头砍刀，长度以手握刀把，刀尖至握刀手的肩部为宜。刀身太长，林中使用不便；刀身太短，开路时树茬容易伤手。直弯钩形的砍刀，刀把可视使用目的更换，比较好用，但是野炊时用来切菜则很不方便。

### 2.6.4 猎刀

猎刀的用途不及砍刀，但猎刀尺寸较小，便于携带，野外工作如果只带一把刀，通常是携带猎刀。猎刀和救生刀是野外工作常用刀具，野外遇险后可将猎刀绑在长木棍上当长矛或鱼叉使用。

专业的野外救生刀，以西班牙制造的丛林之王2号救生刀最为出名。刀身长14cm，用硬度极高的工具钢制造，刀背为锯，可用来锯各种物品。尼龙刀鞘除装刀外，还装有可供联络用的反光镜、磨刀石等，刀鞘底部有一个折叠的叉环，连接橡胶带可做成猎鸟的弹弓。中空的刀柄内装有手术刀片、钓鱼钩、钓鱼线、火柴、橡皮膏等物品。

短时间在野外活动工作，若只带猎刀，要选择刀身长度14～20cm、刀背较厚的猎刀，万一要露营，可将猎刀当作砍刀使用，用它获取材料搭建庇护所，砍烧篝火所需薪柴。

### 2.6.5 小折刀

小折刀以瑞士军刀功能多、质量好出名。瑞士万用小折刀品种多达250种，以满足军人、猎人、渔民、野外科学考察和户外活动者的需要。野外科学考察，选择有大小折刀、锯子、放大镜、镊子、剪刀和开罐头器的瑞士军刀比较实用。市场上也有很多外形类似瑞士军刀的仿品，虽然价格低廉，但质量无法与真正的瑞士军刀相提并论。

### 2.6.6 斧头

野外工作和科学考察，斧头的主要用途是砍伐大树和劈柴火，工作效率比砍刀和猎刀高很多。斧头较重，应用功能少，因此在人数较少、野外活动时间较短的科学考察和户外活动中，通常不带斧头，只带砍刀或者猎刀。若是人多，在野外活动时间长，活动地区地形复杂，需要砍树架桥或做木梯，或者所需薪柴量很大，一定要携带斧头。

## 2.7 手杖

手杖在野外工作中的主要用途是帮助行走，保持平衡，必要时可作为防身的武器。专业登山手杖用铝合金制作，长度可伸缩调节，携带方便。手杖也可以是在森林里就地取材自制，选用结实轻便的藤、竹或木棍，长度一般以齐胸高为宜。如有可能，可将自制手杖的手握上端做成弯钩形，必要时可用来钩挂失落的物品，钩拉远方的树枝，用来钩住在较高的石坎、土坎上面的物体，起到安全绳的作用。

## 2.8 常用器材

### 2.8.1 通信器材

手机、卫星电话、无线电对讲机、短波电台，都是野外工作中常用的通信工具，根据考察的需要配置。出发前应熟悉所携带通信工具的操作使用方法，检查这些器材的工作性能是否正常，电池的电量是否充足，备用电池是否带够等。

### 2.8.2 罗盘

罗盘又被称为指北针或指南针，主要用来判断方向、测定坡度、测定观察目标方位角。市场出售的罗盘有六二式、六五式、八零式等不同型号。罗盘以指针转动平稳准确、不用时可以锁定指针的为好，配合地形图使用的罗盘最好有量程器。

人们习惯把方向分为东、西、南、北四个基本方位，在每两个基本方位之间再分3个次一级方位，如正北和正东之间从北向东，依次为北北东、北东、东北东。4个基本方位和12个次级方位，共有16个方位来表示方向。这种基本方位表示法用于野外定向，很难达到精确的要求。更准确的定向方式为用360°的方位角来表示方向。正北为0°，正东为90°，正南为180°，正西为270°。罗盘指针得到的读数是磁方位读数，使用中要根据当地的磁偏角进行纠偏。

使用罗盘测定方位角时，将其用双手捧在胸前，双臂紧靠身体，保持罗盘指针稳定，并尽量使用罗盘上的视镜和瞄准线等瞄准装置。注意不要在靠近钢铁和电流的地方使用罗盘测定方位角，如电源线、电话线、汽车、枪支附近。有些含有铁矿的地方也会使罗盘指针读数不准。

### 2.8.3　全球卫星定位系统接收仪

全球共有四大卫星定位系统，分别是中国的北斗卫星导航系统、美国的GPS定位系统、欧盟的伽利略定位系统、俄罗斯的格罗那斯定位系统。

美国国防部研制部署的用于军事目的的全球卫星定位系统，全称为"Global Position and Timing System"，简称GPS，1993年全面部署完毕后开放给民用。美国为自身国家安全和利益考虑，给民用的信号接收器定位精度上有较大误差，目前为10~100m。GPS接收器主要用于测定所在地点的精确地理坐标、海拔高度，测算两点间直线距离，标示行进路线和导航。民用型GPS的型号和功能近年来不断增多。GPS在地形复杂的深山峡谷中，茂密的森林里往往因接收不到要求数量的卫星信号，而不能正常工作。中国自行研制开发的北斗卫星导航系统的使用现在已经全面进入民用阶段，并已得到普及推广。现在中国的手机定位系统均为北斗卫星导航系统。

北斗卫星导航系统（以下简称"北斗系统"）是中国着眼于国家安全和经济社会发展需要，自主建设、运行的全球卫星导航系统，是为全球用户提供全天候、全天时、高精度的定位、导航和授时服务的国家重要时空基础设施。北斗系统具有以下特点：一是北斗系统空间段采用3种轨道卫星组成的混合星座，与其他卫星导航系统相比，高轨卫星更多，抗遮挡能力强，尤其在低纬度地区性能优势更为明显。二是北斗系统提供多个频点的导航信号，能够通过多频信号组合使用等方式提高服务精度。三是北斗系统创新融合了导航与通信功能，具备定位导航授时、星基增强、地基增强、精密单点定位、短报文通信和国际搜救等多种服务能力。北斗导航采用三种轨道卫星进行定位，相比于其他软件，使用起来效果更好，特别是在低纬度和地形比较复杂的位置，它更好用。

使用北斗系统进行定位和导航时，首先要确认自己的手机或导航仪是否支持北斗导航功能，确定支持该功能后根据自己的手机型号和操作系统版本选择相应的软件进行下载和安装，目前常见地图软件如《高德地图》《百度地图》《腾讯地图》等App都支持北斗导航，可根据个人情况选择地图软件。打开地图软件之后，开启手机或导航仪的定位功能，确保手机或导航仪能够正常接收卫星信号，之后便可以使用定位、查询和导航功能。在使用导航功能时，需要注意以下几点：确保手机或导航仪的电量充足；注意道路交通情况，遵守交通规则；确保手机或导航仪的定位功能正常，否则会影响导航精度。

其他户外可用的运动轨迹类手机软件还有《两步路户外助手》《六只脚》《奥维互动地图》等，可以提供定位、导航、轨迹记录、轨迹路网展示、标注、行程分享、团队跟随等功能，方便行程中的团队协作，还可以参考他人记录和分享的历史活动轨迹等进行路线选择。

这些软件都可以自行下载使用，对于前往可能没有网络信号的地区的情况同样需要提前下载相关的离线数据。

### 2.8.4 海拔表和户外运动表

海拔表是测量海拔高度的仪器，最常用的为真空盒式海拔表，体积小，重量轻。现在随着GPS和户外运动表的普及，单一功能的海拔表已被淘汰。

户外运动表是将计时、报时、测向、测温、测量海拔高度等多种功能集成在一起的电子手表，轻巧方便，功能强大，野外工作非常适用。户外运动表通常价格较贵，著名品牌集中在日本、瑞士、芬兰等国。

## 2.9 地形图

地形图是用等高线方式显示地形和地貌特征的地图，在野外工作中最为常用。地形图提供距离、方向、位置、高度及地表起伏特征等信息。野外科学考察准备工作期间，应尽量获取考察地区的地形图，使之在考察中发挥最大作用。使用地形图时要注意地形图的出版日期，因为有些地理特征，如道路、桥梁、房屋等人工建筑不是固定不变的。

野外考察活动中比较适用的地形图是1∶50000或1∶100000比例尺的地形图。中国对于大比例尺的地形图是作为机密资料管理，购买、使用、保管均需执行有关规定。

智能手机的地图资源和户外软件越加丰富，如今电子地图更为直观精准，更新更快。现在很多野外工作直接利用互联网使用电子地图，考虑到野外工作的复杂性，为了保险，手机上可以查阅的电子地图应该打印后塑封携带，以免手机故障或电池耗尽而不能使用。

## 2.10 野外考察其他必须常用物品

药品：感冒药、腹泻药、创口帖、云南白药、包扎纱布、绷带、夹板、季德胜蛇药片、风油精或清凉油、高锰酸钾、甘油。

食品：糖、盐、茶、备用干粮或压缩饼干。

火种：煤油打火机、煤油、燧石火镰。

绳子：100m的702伞绳、缓降扣。

雨具：雨衣裤、雨伞、便携式防雨布。

保暖用品：应急救生毯、防潮睡袋。

应急电源：大容量充电宝、储能电池、手电、头灯。

其他应急用品：针线、救生哨子、密封袋、备用眼镜、太阳镜（雪镜）。

# 第 3 章
# 出行安全

在野外科学考察的大部分区域，因地形、道路、植被的限制，无法使用机械化交通工具，考察者通常需要借助罗盘、地形图、卫星定位系统接收仪、手机户外软件等进行徒步定向穿越，有时还需负重前行。因此，需要掌握地形图的判读识别、迷路处置、野外定位定向及负重行走技巧等知识与技能。

## 3.1　地形图及罗盘使用

### 3.1.1　地形图类型

用等高线显示地形和地貌特征的地图称为地形图，野外科学考察通常用地形图确定最佳行进路线，寻找可靠水源，避开可能的水患地点等。野外科学考察工作经常使用的地形图比例尺有1∶25000、1∶50000或1∶100000等3种类型，也有更大比例尺的地形图，但通常使用较少。

### 3.1.2　地形图判读

地形图用等高线表示地形，是将野外实测高度相等的点在地图上连接起来的闭合曲线，在地形图上为一圈圈的黑实线，它们指示地表高度的起伏变化。圈越大，海拔越低，反之，海拔越高，最小处是山顶，盆地则相反。若是山谷，等高线的弯曲指向高处，呈倒"V"形；若是山脊，等高线的弯曲指向低处，呈"U"形。等高线之间的高差叫等高距。等高距表明坡面的陡度。等高线均匀地分布在地形图上，表明实际地形的坡度均匀。如等高线向下渐疏，表示地貌为凹坡；如果等高线向下渐密，表示地貌为凸坡。等高线之间距离大表明地形平缓；等高线之间距离极小，表明地形十分陡峭。

进行山野森林穿越时，除非有意选择走"直路"，通常要尽量避免横跨等高线，一般来说，理想的野外行进路线是沿着山脊或河谷行走。

使用地形图，要注意地形图的出版日期，因为有些特征，如道路、桥梁、房屋等人工建筑不是固定不变的。

### 3.1.3 地形图取向

按照罗盘指针的指示方向摆正地形图的方位，称为地形图取向，也可用现地实物对照法，将地形图上标出的显眼地物和野外实物联系，使之能对号入座，进行地形图取向。

### 3.1.4 位置确定

利用全球卫星定位接收仪、手机软件，均可在野外迅速确定自己所在位置的经纬度和海拔，但卫星定位接收仪、手机软件接收信号差，甚至不能接收信号的情况下，只能运用罗盘和地形图确定自己的位置。地形图四角上有经度线、纬度线，可用作参考。除用经纬度确定自己所在位置外，也可用地形图上均匀方格线来确定。地形图上的所有方格线都是按从西到东和从南到北的递增顺序编号的。这种用方格线在地图上定位的体系叫方格参考系，它通常是先由东向西，后由南向北，依据方格的编号和所在方格的均分格数字，来标定地形图上某个具体地点的位置。

### 3.1.5 测量道路、河流长度

多数指北针罗盘上有量程器，用于测量1：50000或1：10000地形图上道路、溪流等曲线的长度。无量程器，可用细绳在地图上沿河流、道路量出长度，然后按地图比例尺计算出实际距离。

根据实践经验，因山区地形起伏变化，地形图上得出的距离在实际作业时应再增加30%的长度。例如，在地形图上换算得出，某段山路长度为10km，实际行走时要作为13km的长度来安排行走所需时间。

### 3.1.6 计算面积

可以用地形图图中边长为1km（1∶50000地形图）或2km（1∶100000地形图）的方格来估计面积，或者按地形图比例尺画出较小的网格，以提高估计的准确度。也可以打开卫星定位仪求算面积的功能，围绕要测面积的地域，走一个闭合路线，卫星定位仪可以很快算出面积。为准确，可以测量3次，取平均值。

### 3.1.7 罗盘使用

按照罗盘指示的方位读数，从一个地方走向另一个地方的定向行进，是野外徒步穿越的常用技术。在野外远距离行进时，先用罗盘确定方位后，找出行进路线上比较显眼的物体，如大树、石崖作参考物，选择最容易行走的路径走向参考物，而不必走直线。若有必要，可将整个行程分为几段，前一段的终点是后一段的起点。在离开新的起点前，最好回头用正负180°的反方位核准是否偏离了设定方位。行进中不断重复这一过程，直到走到最终目的地。

沿罗盘方位穿越行进时，有时会遇到难以逾越的河流、悬崖绝壁等障碍物，而又必须保持原定方向行进。这种情况，先做一个90°的转弯，在新方向上走到可以绕过障碍物的地点，记住走过的步数或距离，然后再转一个90°弯，回到原方向继续行进到障碍物前方；最后再转一个90°的弯，沿着第一次转向的相反方向走同样的距离，就回到原设定行进方向的障碍物的另一边。如果在遇到障碍物时，能认准行进方位上远处的某个显著物体，并能绕行到那里，以上过程可大为简化。

### 3.1.8 罗盘磁偏角修正

正北是指向北极的直线方向，磁北是指向磁北极的方向，罗盘里的磁针总是指向磁北方向，而经度线是指向正北，正北和磁北的角度差是磁偏角值。在野外用罗盘测出的磁方位与地形图的正北方向有一个夹角，是观察者到磁北极和观察者到目标物连线的夹角。同时使用罗盘和地形图作远距离行走时，要修正磁偏角造成的偏差。

磁偏角随地区不同而改变。通常热带地区磁偏角很小，其他地区磁偏角略大。磁偏角在地形图的下面有标示。当磁偏角为1°时，若按指北针指示方向每走出1km，就会发生与地图上的预定目标17m的偏离。在有些情况下，可以忽略磁偏角。例如：在野外定向行走，只带着指北针；在磁偏角很小的地区走较短的距离；朝一个大而易于识别的地物行进。

在通信信号正常的情况下，只要保证手机电量充足，可利用手机智能罗盘。

如果使用智能手机的《奥维互动地图》《两步路户外助手》，定向、测距、计算面积这些工作均可以在软件上完成。上述介绍的罗盘、地形图使用方法，是在智能手机电源断绝或手机损坏、遗失情况下需要使用的技能。

## 3.2 背包使用

### 3.2.1 物品的正确装法

背包装物品要避免不分顺序、不辨大小一股脑塞进背包，一般按照以下原则和要求进行装包。

①上部装重的东西，下部装轻的东西，把重心放在背包的上部。

②背包左右两侧的重量要基本相等。

③装包时要尽量减少包内物品之间的间隙，可用一些小的柔软物品，如内衣、袜子填充间隙，使整个背包方正结实。装好物品的背包竖立放在地上，不会倾斜或者歪倒。

④靠着背部的部分，不要装粗硬物品，把柔软的衣物叠成和背包面积大致相似的形状放入其中，背负背包会舒适一些。

⑤需要经常取用的物品，如手电、雨具、水壶、刀具、小食品等，放在背包两侧的袋子或背包顶盖的袋内，方便取用。

⑥帐篷、睡袋、防潮垫等较大物品可放在背包外部，用外挂带将它们固定妥当。器材外挂的部位要根据考察地区的特点确定，如果需要钻丛林，就不能将外挂物品固定在背包上部，而应固定在下部或背部。

### 3.2.2 注意背包的重量

普通人负重重量不超过体重的1/5时，可以较轻松地活动，行走基本不受影响。负重重量为体重的1/4时，长时间负载会感到很累，活动时身体重心和灵活性均会受到一定影响。若负重重量达到体重1/3时，身体灵活性和重心会受到很大影响，完成攀登、跳跃等动作很困难，而且容易受伤。野外科学考察，应根据自己的体力和活动时间长短来确定背负的重量。通常情况下，体能较好的人，负重重量以不超过自己体重1/4为宜；体能较差的人或新手，负重重量应控制在自己体重的1/5以下。

### 3.2.3　背包行走方法

把装好物品的背包摆放在适当的高度，双手伸进背包肩带，让背带贴到肩部，然后两手握住胸前背带，身体略前倾，靠双腿站立起来，这是最简单且省力的背包方法。若找不到摆放背包的地方，可将一腿跨在树干或斜坡上，用双手把背包提起，面对背包带，将包放在膝盖上，一手控制包，另一手抓住肩带迅速转体，使一侧肩部先负起背包，然后另一臂再进入背带。

背好背包后，将背包的腰带拉紧扣好，使胯部受最重力，肩带略放松，将胸带扣上拉紧，使背包没有后坠感。行走时身体略前倾，使背包的重量落在腰、胯部位，减少背部的压迫感。行进时用手拉着肩带和背包之间的调节带，遇到意外突发事件，双手能很快空出来应付。

长时间背负很重的行李，会感到疲劳，由肩头一直麻痹到胳膊。遇到这种情况，应挪动背包的背带，以一侧肩头承担重量，让另一侧肩头休息，等负重的肩头感到吃力疲倦时，再换到另一侧，整个行进过程中反复交换。

涉过急流，通过危险陡峭地段时，应用安全绳保护。若在无保护状态下通过，要放松背包的肩带，解开腰带和胸带，这样一旦发生危险，能使人和背包很快分离。

## 3.3　行走技巧

行走起步后的前半个小时至一个小时要慢，待热身后找到适合自身的步速，并注意配合呼吸，使步伐规律而有节奏。在地形起伏变化不大的情况下，尽量保持大跨幅的步伐，快慢一致，这是减少疲劳的秘诀。登山和长距离行走时尽量少说话。说话不仅耗费能量，而且扰乱呼吸，影响心脏正常跳动，增加疲劳，还分散注意力。走到疲劳时，特别注意不要四下张望，做到专心走路。身体疲倦时，很难分配注意力，也不容易做到灵活有效地控制自己，因此在观察动物和自然景色要停下来后再进行，以免脚下踩空，发生滑坠。

徒步行走应注意掌握行走的节奏，每走1h，休息10min。行走4h，休息30~60min。在爬山的过程中，可根据个人身体情况，爬20~30min站着休息1~2min后继续走，尽量别坐着休息，因为坐下休息后，人体肌肉放松后再行走时会感觉更累，这种情况容易在连续爬山2h左右后出现。休息时间也不宜过长，长时间的休息会导致身体变冷、变困，再次热身更加耗费体力，急冷急热也容易着凉感冒。可多频次、少时间的休息，便于调整呼吸。

### 3.3.1 上坡

上坡时上身要略前倾，步伐略小，整个脚掌着地，慢慢地伸长膝盖，移动重心，不论何时，重心都在踏出的脚正中。把脚踢出去踏步行走的方式不可取，这样容易提高疲劳程度，也有踢落石头的危险。坡度很大时，鞋尖往外侧稍稍张开，以倒八字形走路既可。脚应尽量登在水平的地方，这样脚的后蹬力损失不大。如果踩在斜坡上或者较滑或较软的地方，后蹬力损失较大，还容易滑倒，在同一行程内，要消耗更多的体力。在林中穿行时，无论上下坡都尽量避免踩踏在光滑的竹竿或小树干上，踩在这些物体上特别容易滑倒。

### 3.3.2 下坡

下坡时上身保持垂直，轻轻地伸长膝盖踏出，以前脚掌着地较好，利用脚弓减震，避免震动脚后跟。这样既可保护膝关节的软组织，又可减轻对大脑的震动。在脚踏出移动重心时，膝盖应弯曲以增加弹性。在坡度较大的岩石区行走时，重心无论何时都要保持垂直，以脚尖支持体重。要根据不同的道路情况，采取相应的速度和步伐。例如，欲通过一段距离不大的陡坡，坡下是比较平坦的道路时，先在陡坡上选好几个落脚点，然后，用较快的速度迅速通过陡坡，进入下面平坦的道路。假如陡坡下只有一小块平地，继而又是一段陡坡，就应迅速通过第一个陡坡在小平地站稳，再观察下一个陡坡，决定怎样通过。要注意这样快速下陡坡的方法只能在坡度不长、能够控制自己的情况下使用。如果坡又长又陡，一旦冲下去可能收不住脚，这种情况应用慢速下坡的方法，降低缓冲力，同时也可保护膝盖和韧带。慢速下坡有安全的一面，也有不安全的一面。坡度越大，人站立其上的稳定性越差，因而停留时间越久，越容易发生危险。快速通过陡坡的目的不只是快速抵达，更重要的是安全。在通过潮湿松软的陡坡时，还可以采用将脚尖翘起，身体略后倾，只用足跟用力着地的方法行走,也可有效地防止滑倒。

下陡坡时,身体应保持侧向,这样既能保持重心向后,又利于滑坠时抓握周围物体,同时容易控制身体的姿势,增加灵活性。此外,侧面下陡坡增加了脚下的踩踏面积,也保持了身体的稳定性。慢速下陡坡尽量避免面向前方,因面向前方往往由于弯腰或看路使头向前探,头是身体的重心,重心前移,脚下又处于前低后高的状态,容易造成跌扑。在特别陡的地方,身体轴线与脚掌夹角大于120°,双脚很容易失去制动能力,造成滑坠。一旦滑倒,由于手、脸向上,不宜观察周围情况,也不利于抓握其他物体进行自救,跌倒时还容易直接损伤后脑。

下坡时还要注意步法。一般说来,通过较缓的长坡或较短的陡坡,应用大步;通过坡度较陡,距离较长的地段时,应用小步。在有一定坡度、弯道很多的地段,要不断改变落脚的方向,每到一个弯道最后一步时,就把脚转向下一弯道的方向去。早转脚,一则可以带动身体随之转向,二则可以侧身,抵制继续向前的惯性,以免速度太快,来不及转身冲下山。如果能熟练掌握运用下坡技巧,下坡可以变难为易,省不少力气。

### 3.3.3 编队行走原则

野外科学考察,有时是数人结伴而行,集体活动要注意编队。前导和后卫要安排体力好、有野外活动经验的人员担任,注意把体力好的人员和体力差的人员混合编排,以便体力差的人员能得到必要的帮助和保护。

上山时,队伍应成密集队形,因上山速度慢,队形密集便于互相帮助,能防止掉队。下山时队员之间要拉开足够的距离,保持各自的独立,因下坡行进速度通常较快,距离太近,前者的身体常会挡住后者的视线,使后者看不清脚下的路,不能根据道路情况确定正确的速度和步法,造成精力和体力的浪费,而且不安全。下山拉开距离,可防止因一人摔倒,把其他人也带倒的危险发生。这种来自后面的危险最难防备,最容易造成事故。国外曾有一登山队一人摔倒,导致17人坠坡、14人死亡的重大事故。另外,还要注意相互提醒,避免落石、树枝等伤到前面或后面的队友。

### 3.3.4 使用手杖帮助行走

野外考察长时间行走若借助手杖,可以省力,减少疲劳。用手杖帮助行走，等于增加了支撑点，把腿部的部分负担分散到手杖上，减轻腿部疲劳。

手杖另一个重要作用是帮助维持身体平衡。由于山路不平，负重又大，当脚不能向正常的方向迈进时，身体平衡就被破坏。通常，这种情况总是发生在短暂的一瞬间，当身体迅速通过后可以恢复平衡。但失去平衡的一瞬间有时很容易摔倒，有了手杖，就可能避免这种危险，当身体向一边倾斜时，用手杖支撑，能很好地保持平衡。

下山时，行走者通常速度较快，手杖可在运动中做各种快速支撑以保持重心，也可以做突然制动，迅速地减缓冲力。在陡坡和很滑的山路上，手杖的作用尤为明显。在某些陡峭易滑的地段，若一根手杖不足以帮助身体保持平衡，可以使用两根手杖。

## 3.4 攀登陡崖

攀登坡度较大的陡坡和小悬崖时，要牢牢记住"三点固定，一点移动"的原则。手主要帮助保持平衡，不要完全靠腕力登崖。攀登陡坡时，新手常常会因恐惧而紧附在岩石上，这样身体重心未能与地面垂直，反而更危险。

在地形陡峭多变的山区森林中进行科学考察或户外探险活动还要准备登山绳、上升器、下降器等器材。这类器材的选购和使用属于专门的技术内容，器材使用需要经过特殊训练和练习。

## 3.5 记路和做路标

### 3.5.1 野外记路

在树木茂密，不能看到远处的山峰、石崖等指示地物，林中又没有明显小道的情况下，很容易迷路。多岩石的地方，或密度很大、高度较高的灌丛和草丛中也容易迷路。山体形状基本相似，树木粗细高矮变化不大的地方同样容易迷路。

在容易迷路的地方行走，要注意观察周围环境中固定的地物，如山峰、巨石、大树的形态特点和生长位置。在每一处拐弯处或交叉路口都要驻足停留，仔细观察，找出并记住该地的特征。仔细观察，记住几个不同的特征，有助于返回时找到正确的路线。

### 3.5.2 做路标

沿行进路线做路标是避免迷路的有效方法。做路标最简单的方法是每隔一定的距离在树干上砍出记号，地形简单的地段少做一些，地形复杂或转弯、岔路的地方多做一些。用砍刀在树干上做路标要注意，所做路标记号的形状、大小和高度应基本相似，既容易识别又可避免与别人的路标混淆。

在情况复杂地段做路标，应在树干的四个方向留下记号，或做成环形路标。以便从任何方向都能看见路标。注意做路标时，不要对树木造成明显伤害。

另一种做路标的方法是一边走，一边把沿途的小树枝或蒿草折断，让它挂在原处。这种形式的路标在三五天内很醒目，但是时间一长就不易识别。

如果野外考察要按固定的路线进行多次调查和监测，也可用颜色鲜艳的彩色塑料标记带绑在树枝上做路标，这种路标显眼易认。中国台湾和欧美等地的户外活动人士喜欢使用这种路标。塑料标记带在自然界不易分解，污染环境，科学考察结束后，应记得将塑料路标回收带走。

在地上放置石头、树枝，或在地上划符号做临时路标的方法在野外也经常运用，但要记住这类路标容易因人和动物的移动改变位置，或者因大风暴雨的影响而消失，只能作为临时路标，不能做长期路标。

### 3.5.3 使用"两步路"等户外助手APP记录野外考察轨迹

在不熟悉或地形较复杂的区域进行野外科学考察、徒步旅行时，使用《两步路户外助手》《奥维互动地图》等相关户外助手APP记录野外科学考察的路线是很有必要的。轨迹的记录，一方面可以形成多次考察的路线图，为后期成果展示提供强有力的证据，丰富考察报告内容；另一方面也可以在野外迷路时提供帮助，野外考察发生迷路或找不到路时，最简单、最稳妥的脱困方式就是沿着进入该区域的轨迹原路返回。

## 3.6 迷路处置

在山地森林中迷路是比较危险的，恐惧、饥饿、寒冷、焦虑，常常使迷路者气急败坏地盲目行动，时间一长易导致体力衰竭、心理崩溃，最终导致人身伤亡事故发生。采用以下方式处置迷路十分重要。

### 3.6.1 事先预防迷路

为了最大限度避免迷路，若有考察地区大比例尺的地形图，工作之前应认真把地形图判读清楚，特别注意行进方向两侧可作为指示物的地物，如河流、独特的山峰、悬崖、湖泊、独立的大树等，一旦迷失方向，应立即朝这些指向物行进，到达指向物后再判定方向。

若有当地向导参加科学考察，应该在考察初期，请向导用2~3d，带领所有考察队员，把该地区的地形和道路熟悉一遍，这样会大大减少迷路的危险。

### 3.6.2 迷路处置

一旦发觉自己迷路，应立刻原地休整，认真冷静分析情况，然后采取措施。切不可抱有侥幸心理，四处乱闯。因为当人置身于陌生环境时，方向感判别往往会产生严重偏差，而想尽快脱离困境的心理又老是使自己以为自己当下的判断是正确的。保持头脑冷静，确认找到正确的线索后再行动，是迷路处置的重要原则。

如果沿途做有路标，可以退回到路标明显处，重新寻找正确路线。注意观察原先路过时地形地物特征，以及行走时在地上留下的脚印和相关的活动痕迹。找到熟悉的地物特征后，若无绝对把握，可先试走一段，若连续看见熟悉的地物和脚印，可以判断已经找到正确道路。若试走时并没有看到熟悉的地物，或看到的地物似是而非，没有把握，就应回到有把握的地点，再向不同的方向寻找正确的道路，直到找到为止。

如果只是迷路，方向、距离和目的地位置都很清楚，地形不是特别复杂的情况下，有把握在天黑前到达目的地，可以直接按正确方向向目的地行进，不必再花时间寻路。

若迷路后方向不清楚，目的地距离和位置不明，且天很快会黑，千万不要莽撞行事，应保持冷静，在天黑之前做好露营准备，就地露营，待第二天天亮后再行动。在自己不熟悉的山区森林里走夜路,特别是在地形复杂、无路的地段,无论是摸黑还是有手电照明都是比较危险的。

迷路后选择沿山谷或山脊行走,要视情况而定。在北方地区,通常选择走山谷或者沿溪流向下行走。而在南方,特别是西南横断山区,则应选择走山脊,因为那里山脊通常坡度较缓,极少出现断崖,而且植被相对较少,可以向两侧作观察。走山坡或沟谷除了观察不便,还容易碰到断崖绝壁,若未带登山绳,只有绕行。

另外,迷路后应尽可能让自己处于有通信信号的地方,与外界保持通信联络,并第一时间向外面的联系人发送自己的位置信息,并且在行进当中持续发送,这样在迫不得已的情况下可以坐等救援。

## 3.7 野外定向

带有指北针或GPS定位仪等器材,很容易判断方向。若未带定向器材,可用以下的方法判断方向。

### 3.7.1 观察太阳定向

太阳东升西落,中国绝大部分领土在北回归线以北,太阳在我们的南上方,再结合时间就可以正确判断方向。用手表和利用太阳可以很准确地找出方向。将一根小木棍竖立于地面上,接着把手表水平地放在地面上,将小木棍的影子和手表的短针重叠,或在同一直线上,表面12点的方向和短针所指刻度中间的方位是正南方。将短针直接指向太阳也一样,但不如用影子来得准确。

### 3.7.2 观察植物定向

看树桩的年轮。年轮之间间隙宽的一面指示南方,间隙窄的一面指示北方。树干南侧枝多叶茂,北侧反之。

### 3.7.3 北极星定向

北极星是一颗恒星,高悬在北方的天空,非常耀眼、醒目,易于识别。

辨别方向的方法有很多种,在一种方法不能断定时,可以几种方法并用进行判断。

# 第 4 章
# 野营、露营

在边远山区从事野外科学考察，有时需要在野外建立考察营地，在野外住宿开展工作。本章介绍野营营地选择、野外露营、薪柴种类和特点、篝火燃点方法等方面的知识。

## 4.1 野营

### 4.1.1 宿营地点选择

到达野外科学考察计划的宿营地区后，先考察地形，确定营地。一般来说，营址选择要遵循"避险、避风、近水、地平"4个基本原则。在山区森林建立野外考察营地，通常选择背风的阳坡、土丘、林中空地、草地建立营地，注意避开冷空气聚集的山谷底部以及承受强风的山脊和山凹。

从避险的角度来讲，要考虑防避滚石、泥土塌方伤人毁物，还应离开枯树、孤树，以免被其砸伤或被雷击。同时要考虑防避毒虫和野兽的袭击。还要考虑风向，莫让风向与帐篷门相对。最后，还要注意观察营地周围的环境，注意留有出路，一旦发生意外，好迅速撤离。

在考虑取水方便时，要注意将营地设在排水良好的地方，避免在有流水痕迹的地方或有积水处扎营，这些地方常因下雨涨水被淹。

### 4.1.2 营地清理和营区划分

营地确定后，先清理地面，捡去石块、树枝后，将帐篷区、篝火区、卫生区划定后，再行架设帐篷。

### 4.1.3 帐篷架设和使用

在略有坡度的地方架帐篷，要考虑睡觉时头的朝向，应顺坡而卧，脑袋朝上，横坡和倒置均不可取。帐篷架好后，要用地钉固定，并将防水篷布绷紧固定。若是在雨季，还要在帐篷后边和两侧挖好排水沟。为防止蛇、虫等动物钻进帐篷，出进帐篷后立即将内帐拉链拉上，很多帐篷内被蛇虫咬伤或死亡的案例都是这一习惯被疏忽造成的。可在帐篷周围撒一圈石灰，或喷洒灭害灵或煤油，这只能防虫但防不了蛇。

帐篷使用时要特别注意防火。篝火区与帐篷区要有足够的距离，并位于上风处。蜡烛、油灯、汽油炉这些能产生明火的物品最好不要在帐篷内使用。迫不得已要在帐篷里使用这些东西，千万注意不能靠近篷布，而且一定要放稳，避免翻倒。烟头、火柴应放在容器内。使用汽油炉时应在炉子下加垫木板或石板。燃料要放在帐篷外边，添加燃料要在帐篷外进行。由于帐篷、背包以及很多衣物都是用合成纤维制造的，它们不仅粘不得一点明火，就是烛火在一定距离外的烘烤也可能会造成损坏，所以一定要谨慎行事。

## 4.2 露营

露营又叫露宿，即不使用帐篷，仅借助睡袋、吊床之类的装具在野外过夜，甚至没有任何装具，直接在野外睡眠休息。野外科学考察或户外活动，有时因迷路或其他意外，不能按时返回营地，往往需要露营。有的时候则是因携带器材太多，为减轻重量，有意不带帐篷，而选择进行野外露营。

### 4.2.1 简易窝棚露营

在温暖的季节中和地区里，可以搭建简易窝棚宿营。在两棵树之间拉一根绳子，将一块塑料薄膜以绳子为中点，成人字形拉到地面固定，就成为一个简单的窝棚，也可以利用树枝、树叶、竹竿等材料，建成简易窝棚或者树屋。

在南方森林潮湿的地方搭建简易窝棚或露宿前，可以砍一些粗大的竹子，将其砍成2m长的竹筒。用砍刀在每一竹结处把竹结砍破，砍时应注意各竹节的刀缝不要在同一直线上。各个竹节都被砍破后，用刀从竹筒的一侧把竹筒剖开，加以踩压就可以得到一块竹排。几块竹排便可铺成一张床。若无大竹，用小竹若干根，逐一铺平，用藤子或竹篾绑扎牢固，就做成了床板，睡在上面可以避免身体受潮。

### 4.2.2 吊床露营

吊床露营是在温暖的季节和热带地区常用的露宿方式。吊床体积小，携带方便，拴挂迅速。吊床有布吊床和绳网吊床两类，前者用帆布或尼龙布缝制，后者用棉绳或尼龙绳编结。绳网吊床在热带丛林中和炎热夏季里尤为适用，而布吊床的使用范围更广，除在严寒地区和冬季外均可使用。

使用吊床临时休息，不必将吊床拴得很紧。但用吊床在野外宿营过夜，必须尽量把吊床拉直拴紧，因为人睡进吊床后，由于体重的缘故，吊床会有较大的下垂和弯曲，睡在吊床里，身体也随之弯曲，时间长了会不舒服。将吊床尽量拉直拴紧，才能保证睡眠舒适。此外，注意不要将吊床拴得太高，离地1m即可，这样上下吊床方便。

准备一块比吊床略长，宽约2m的塑料薄膜，下雨时将薄膜呈人字形挂在吊床上方的拉线上，让其盖住吊床，就可很好地防雨。准备大小适当的纱布，用与放置塑料薄膜相同的方式，将纱布置于头部一端，用晒衣夹将纱布和吊床夹在一起，可防止蚊虫叮咬头部。将浸有灭害灵等杀虫药液的棉条绕在吊床两端的拴绳上，或将杀虫药喷洒在树干上吊床拴绳的上下端，可防止蚂蚁、蜘蛛、蜈蚣等虫类爬进吊床。

### 4.2.3 无装具露营

没有上述的露营器材，又必须在野外过夜，只好直接露营，称为无装具露营，俗称露宿。无装具露营应在确保安全的前提下，充分利用地形地物，达到保暖避风的效果。可以将露营地点选在大树下、大的倒木旁边或突出的岩石凹处，以利避风。野外的地面在夜间通常阴冷潮湿，应多找些干草枯叶，或多砍些带叶的树枝铺在地上，睡在草堆或树叶上面。根据露营地点的地形，建造简单的防风障以保证篝火燃烧顺利。不论任何季节露营，一定要有篝火，冬季露营或在寒冷地区露营，可在前后左右多烧几堆篝火，睡在火堆之间。如果只烧一堆火，往往是"火烤胸前暖，风吹背脊寒"。

露宿对篝火的依赖性很强。篝火不仅提供温暖和光明，而且能驱赶蚊虫野兽。露营烧篝火，要尽量选用火力持久的大块木柴，越大越好，这样才会有较多的木炭火，让露宿处始终有较高的温度。

## 4.3 篝火知识

从古到今，地球生物中只有人类懂得用火，这也是人类能够繁衍至今，并发展出现代文明的重要因素。火可帮助我们取暖、驱赶野兽、烧煮食物、烘干衣裤，尤其在远离现代文明的山野森林中，能否烧好一堆篝火，有时竟会成为野外考察科学工作者或户外活动者生死存亡的关键因素。

### 4.3.1 火种准备和保管

最常用的火种有火柴、一次性气体打火机、煤油打火机、镁棒和燧石火镰。火柴是使用最广泛、最方便的火种，缺点是易潮。一次性气体打火机不怕潮湿，也很适合在野外使用，是非常方便的火种，缺点是在海拔3500m以上的地区，由于空气稀薄和气压低的原因，一次性气体打火机着火率极低。煤油打火机防水防潮，不受海拔高度的影响，着火率极高，是户外火种中的首选。携带煤油打火机时须带一瓶煤油，在木柴潮湿时还可以浇在木柴上作助燃剂。镁棒或燧石火镰不怕潮湿，可以反复使用，缺点是必须准备好干燥的火绒，否则不易着火，可以作为备用火种携带。

使用火柴和气体打火机要注意保持干燥，将火柴和搽纸分装在密封的塑料盒中，能有效防潮。火柴还可以用蜡包裹进行防潮处理，将火柴头和火柴杆的前半部分放入熔蜡中，使熔蜡把火柴头和火柴梗的一半包裹，待熔蜡冷却后，装在塑料袋中保存，使用时再剥去火柴头上的蜡。

若是一个研究团队进行野外考察，火柴或打火机要多准备一些，分发给不同的人保管，做事细心的人可多保管一些。同一人保管，应将火种分放在不同的地方，如不同的背包、摄影包和衣袋里。若全放在一处，一旦出了问题，就会失去火种。

万一火种丢失，又必须生火，可采用物理或化学方法生火。物理生火方法有3种。一是聚光取火法。可用放大镜、望远镜、照相机镜头或在塑料袋中注入清水聚阳光取火种，缺点是必须有足够时长的阳光。二是摩擦取火法。钻木取火又分手钻式和弓钻式：手钻式比较费力和伤手，取火时间也比较长，很容易取火失败；弓钻式比较省力，取火时间要短些，但需要一定的技巧。三是电池取火法。五号电池或七号电池准备，将烟盒内锡纸撕成细条状或用两小根细电线，连接电池正负极使电池短路着火。这种方法点火率高，省时又省力。化学生火方法：将高锰酸钾倒在卫生纸上，并倾倒入少量甘油，发生化学反应就着火了，也可以将甘油换成白砂糖，用纸包裹后用力揉搓，也可以着火。

从以上获取火种的方法上可以看出，用电池取火和化学取火是最省力、快捷、实用的获取火种方法。

### 4.3.2 引火物准备

燃点篝火时，适当使用引火物，可使篝火很快燃烧，提高效率。常用的引火物有以下种类：蜡烛，既可用于照明，也可以用于特殊情况下生火；煤油，可作燃料引火，点灯照明，又可当驱避剂让毒蛇昆虫远离，野外考察准备一小桶煤油很有用；固体酒精、松明、磨碎的松香、废旧轮胎的橡胶条以及解放鞋的橡胶鞋底都是很好的引火物；干燥易燃的杨树、柳树、松树，将其一端砍成刷把形的细枝状，引火效果也很好。

### 4.3.3 薪柴种类及燃烧特点

野外科学考察活动要根据不同的篝火目的找寻柴火。仅仅是做饭烧水，可以拾拣地上的枯枝落叶，不必在意树种、大小、粗细，只要干燥，没有腐朽就行。腐朽的薪柴，火势小，火炭少，而且不持久。如果是野营或露宿，还要烘烤衣裤或取暖，或者是因为人多，要同时架几套炊具做饭，这时烧篝火就要尽量选用粗大的木柴，以便获得较多的炭火。大的薪柴，不仅火力猛，而且火炭多，能满足多方面的需要。如果找不到足够的干柴，又必须有大篝火，可将生树砍成一段一段的短木头，夹杂在干柴里一起烧。

干的云杉、冷杉、铁杉、杨树、柳树是比较容易着火的薪柴，特点是燃点低，起火快，燃烧也快，但没有多少余炭。干燥的松树很容易燃烧，含油脂高的松树柴火俗称松明，可用于引火或照明，但松树柴火燃烧时黑烟很多，燃烧时间不持久。

壳斗科树木，俗称栗木或青冈树，特点是燃点高，不易点燃，一旦开始燃烧，火力强而持久，还能产生大量火炭，是烧篝火的好薪柴。壳斗科树木薪柴的不足之处是燃烧时常常爆裂，火星乱溅，要提防别让火星烫伤。

桦木、山樱、杜鹃树之类的薪柴也不太容易引燃，但燃烧起来火力强而持久，能产生较多的余炭。这类树木，特别是杜鹃树，即使是刚砍下的生柴，在火旺时也能很好地燃烧。

### 4.3.4 常用篝火烧法

为保证篝火能迅速燃烧，要多准备干燥的细树枝、枯叶或者干草，或者用刀劈好足够的细柴火。架柴火应让底部有空，以便空气流通，先放干枝、落叶、干草，再放细树枝，上面放大的木柴。点燃后若火势小，要细心添加引火物，准备一些干燥的小柴火以备火要熄灭时添加，待火燃大后再把大根柴火加上。

#### 4.3.4.1 框架式篝火

将木柴交互成90°搭成井字形框架，层层上叠，从底部点燃。这种形式的篝火火焰旺盛均匀，适合做饭取暖。

#### 4.3.4.2 窝棚式篝火

把一根大的柴火一端用木柴或石块垫高，在大柴的左右呈人字形摆放较小的树枝和柴火，在背风面点燃。这种篝火燃烧面积宽，能产生较多的木炭，可同时放几口锅做饭，或供几人取暖露营。

#### 4.3.4.3 放射式篝火

将木柴或树枝以某点为圆心成放射状排列，从下面点燃，随木柴或树枝燃烧逐渐将柴火往中心推送。这种篝火燃烧时间长，适于做饭和露宿。

#### 4.3.4.4 排列式篝火

将3~5根较粗的木柴平行排列，两端用树枝或石块垫起，在其下放置引火的干柴树枝，将其点燃。这种篝火点燃比较困难，着火后火势很猛而且木炭较多，做饭露营极佳。刚刚砍下的生树也常用这种篝火点燃方式燃烧。

### 4.3.5 特殊情况下生火技巧

#### 4.3.5.1 雨中生火

雨中生火的诀窍是有相对干燥的火床，可用石块或木柴在地上做一平台作为火床，在火床上放置柴火，燃点时设法遮挡雨水。若有事先准备好的起火物，如松明、蜡烛、固体酒精等，比较容易生火，只需用报纸或雨布在火堆上方挡雨，就能很快把火烧着。若没有这类东西，先设法找到干的起火物，如寻找枯死站立的树木，用砍刀砍去外面被雨水浸湿部分，将里面干燥的木质部分用砍刀削成细木屑用来引火。森林中茂密的箭竹丛中常有枯死站立的箭竹，即使有苔藓覆盖，这些箭竹竿基本上是干的，将覆盖在上面的苔藓去掉，竹竿很容易燃烧。解放鞋的橡胶底也是很好的引火物，必要时可将鞋底用刀切成细条用来引火。

烧火时，用点燃的蜡烛或一次性打火机在准备好的细柴火堆下多烧一段时间，小心添加准备好的细柴，直到火确实燃起来。注意将湿柴放在火边烤干备用。雨中生火，先用蜡烛、打火机的火把引火物烤干，再令其燃烧，先将不太潮湿的小柴点燃，再用小柴去烧大柴。

#### 4.3.5.2 雪中生火

先把雪清除，弄出一块地面来，放上石块或木柴做成火床，若积雪很深，将雪踏紧，在雪地上铺上石头或2～3层木柴做成火床，在上面放干柴和引火物，使火与雪不能直接接触，然后烧火。

#### 4.3.5.3 强风中生火

在地上挖一个地坑，坑的大小、深浅视用火目的而定，在紧靠该坑的旁边再挖同样大小和深浅的另一个坑，将两坑底部掏通，将柴火放入其中一个坑中起火燃烧，另一个坑用于通风供氧。若在地面直接生火，应在刮风的一侧设挡风障，风障可用石块、塑料薄膜或树干临时建造。

野外用火一定要小心，千万不要失火。烧篝火前应清除周围的杂草、枯枝落叶等易燃物，离开时用水将火彻底浇灭，水不够时可用生土彻底掩埋，切勿用夹带有腐殖物的土。

# 第 5 章
# 饮水和食物

野外科学考察活动，吃喝是头等大事。怎样做到科学饮水、如何寻找水源、对不洁净的水应该怎样处理、怎样准备野外考察活动所需食品、野外遇险后哪些动植物可以吃、怎样捕捉动物以及如何加工食用等均是野外工作必备知识。本章针对山地森林特点做介绍，所讲述的内容中，捕食野生动物的行为不到万不得已、危及生命，不宜采用，特别是捕捉两栖、爬行、兽类、鸟类等野生动物。

## 5.1 饮水知识

水比食物对人体更重要。水是构成人体组织的重要成分，人体含水量约占体重的60%，且体内几乎所有新陈代谢都需要水来参与完成。正常成年人每日摄水量和排水量必须保持相对平衡，否则将会出现不适症状。

### 5.1.1 缺水与健康

人体失水5%时，体内代谢产生滞留，肌肉变得软弱无力，皮肤出现皱缩，即便是冬天也会感到疲劳乏力，头晕烦躁。体内失水达10%，若不及时补充，体内细胞就会脱水，给肌体带来不良影响。体内失水达20%，有死亡威胁。研究表明：体温升高10℃，体内水分就蒸发10%。同样，失水10%也会导致体温升高。人在发烧时会感到口干舌燥，就是体温升高、体内失水的缘故。我们常见的中暑也是失水所致。

失水的快慢与环境温度有很大关系。人在安静状态下，若不补充水，环境温度为16～23℃，可生存10d，26℃情况下可生存9d，29℃情况下可生存7d，33℃情况下可生存5d，36℃情况下只能生存3d。

野外工作时，一定要保证体内水分充足。一个成年人24h最低饮水量为2.5L。野外活动一天，一个人吃喝用水量大约为20L，如果还要洗澡则需更多的水。

### 5.1.2 正确喝水

野外活动时因携带水量有限，应该合理利用水资源，科学喝水。常见有些人在口渴时，拿出水壶，"咕咚！咕咚！咕咚！"一口气喝掉半壶水，虽然觉得肚子很胀，但仍不解渴。

野外活动中不要等到口渴时才喝水。口渴表明此时人体水分上已失去平衡，细胞脱水达到一定的程度，大脑中枢神经发出了要求补水的信号。要根据野外活动时间的长短与活动量的大小，有计划地提前喝水。如果水量充足，可以适当多喝。若携带的水较少，且在外面活动时间较长，就要"计划"喝水，"科学"喝水。喝时做到"大口喝，小口咽，少量多次"，即喝一大口，含在嘴里润润口和嗓子，再慢慢地一点一点地通过嗓子咽下，使其充分"吸收"。如此重复。

炎热的夏天在山地森林中步行考察，携带的饮水量可按每10km2L准备，即2个1.25L的可口可乐塑料瓶装的水量。切记不要用各种饮料代替饮用水，因为饮料中含有糖分，喝了更会加剧口渴的感觉。

野外工作中一旦饮水喝完，除非迫不得已，绝不可直接饮用不洁净的水。即使是山涧清澈的流水，也难免遭雨水的冲刷，带入混在土壤里的细菌病毒、寄生虫以及野兽、飞禽、昆虫等动物的粪便。为防止胃肠疾病，避免病菌通过饮水进入体内"作怪"，切不可生饮看似干净的水。

野外活动中当干渴之极时找到水源，最好不要急忙饮用，要根据当时的具体条件，对水进行处理，避免饮水不洁造成生病或中毒。一旦中毒或生病，体力会急剧下降，在缺医少药的自然界，轻者丧失行动能力，重者甚至会断送生命。

## 5.2 寻找水源

水是人类赖以生存的基本资源，野外科学考察人员和户外活动爱好者，应了解掌握常用的找水方法，以备不时之需。

### 5.2.1 听水声找水

山脚、山涧、断崖、沟谷底部等常有溪流或瀑布，注意倾听是否有流水的响声。蛙声和喜在水边活动的鸟类叫声也可以帮助判断附近是否有水源。在清晨和有雾的天气，因空气湿度大，声音能传播很远，常可听到较远处的水响。如果能听到水声，说明离水源不会很远，而且水是流动的活水。

### 5.2.2 根据动物活动情况找水

夏季蚊虫聚集，并在空中飞舞形成圆柱状的地方通常有水。有蛙和蜗牛活动的地方也会有水。中午和下午，鸟类常常飞往水源处喝水和洗浴，追寻鸟类的活动路线，很可能找到水源。

### 5.2.3 根据植物的生长情况找水

生长香蒲、沙柳、水芹、灯芯草等植物的地方，地下水位一定较高，而且水质较好。初春时节，别的草木尚未发芽，独有一处的草木已发芽；入秋后，所有草木叶片枯黄脱落，唯有一处草木的叶片不黄。这两种迹象都表明该处的地下水位很高，下面比较容易找到地下水。

### 5.2.4 根据地面干湿情况和气象特点找水

在浓雾出现的山谷里肯定有河流或水潭。夏季，若地面总是非常潮湿，或在相同的气候条件下，地面久晒而不干不热的地方的地下水位通常较高。秋季，清晨地面上飘浮薄雾，夜间露水较重，地表非常潮湿，通常地下水位很高。春季解冻早和冬季封冻晚之地以及下雪后融化快的地方，地下水位一般也都很高。

### 5.2.5 根据地理环境找水

山脚下、沟谷底、地形低凹处通常比较容易发现水。干涸河床溪流的底下、河道转弯处的最外侧底下一般也能掘出水。利用地形图提供的信息或站在山峰高处观察周围环境，可直接观察分析活动地附近是否有河流、瀑布、泉眼、湖泊、水塘等。

### 5.2.6 直接从植物中取水

直接收集叶片上的露水，或利用塑料薄膜袋制作简单提取水分的装置，可临时解决燃眉之急。在南方森林中，有多种植物富含水分，可饮用。野芭蕉的芯含水多，用刀快速将其底部砍断，液体即从茎芯部流出，可直接喝。森林中有些竹子，在靠根部的几个竹节中有水，摇晃老黄的竹子，若听到水响，用刀在竹节底部切一口，倒出其中的水。若为清洁，即可饮用；如果流出的液体是乳浊液，或有异常怪味，就不能饮用。

在地形复杂的山区森林中从事野外活动，若对水源地不熟悉，或找水经验不足，为安全起见，最好不要远离水源。将活动范围控制在以水源为中心，半径距离在3h内的路程的面积内比较可靠。

若找到的水源与宿营地距离较远，需要运水，可用结实的塑料袋装水运送。也可将直径较大的竹子砍成1.5m长的竹筒，用削尖的长木棍将竹筒各竹节打穿，仅留基部最后一节，就成为装水的容器。

## 5.3 水的处理

### 5.3.1 专用饮水器净化

野外使用饮水净化吸管和便携式净水泵处理水是最简便可靠的方法。饮水净化吸管外形像一支粗钢笔，一端是个圆形吸头，吸管内装有高效复合过滤材料和杀菌剂，可滤出水源中的有害杂质和异味。经过净化吸管净化的水，无菌、无毒、无味、无杂质，不必煮沸即可饮用。该产品已应用于军事、野营、勘探、旅游等方面。国内市场有出售饮水净化吸管。便携式净水泵方面，主要是国外产品，净化水的原理与净水吸管相同，就其使用效果而言，便携式净水泵比净水管好。

### 5.3.2 煮沸净化

煮沸是最简单实用的处理饮水方法，只要水质无问题，生水煮开后饮用绝对安全。在海拔3000m以下的地区，把水煮沸5min，是对水进行消毒的好方法。如果渴急之至，可把一锅沸水浸泡在冷水之中加速冷却，几分钟后就有凉白开水可喝。

### 5.3.3 渗透净化

当找到的水混浊不清或有异物漂浮时,可在离水源3～5m处向下挖一个50～80cm深、直径约1m的坑,让水从沙石泥土的缝隙中自然渗出,用小的容器将水轻轻取出,再根据具体条件进行处理。

### 5.3.4 过滤净化

在干净塑料袋底部扎一小洞,袋内从下至上依次放入洗干净的小石头或粗砂粒,小块木炭、细砂棉布等,即可制成一个简单的过滤容器。凡肉眼看上去洁净的流动水经过滤后就可饮用了。也可用竹筒或塑料饮料瓶做成这类容器对水进行过滤。若对过滤的水质不满意,可多次过滤。用渗透法和过滤法处理的生水达不到饮用标准,不要过多饮用。

### 5.3.5 植物净水

将找到的水放在容器里,加入捣烂的木棉枝叶或捣碎的仙人掌,均匀搅拌后沉淀30min,饮用上面的清水。若寻找到的是咸水,用地椒草与水同煮,虽然不能去掉水的苦咸味,但可防止发生腹胀、腹痛及腹泻等。

### 5.3.6 化学净水

将生水灌入水壶,放入饮水清毒片,摇荡1min,静置5min即可饮用。喝时勿把沉淀物倒入口中。饮水消毒片有时不一定能买到,可以用医用碘酒处理。每1000mL水加入3滴2%的医用碘酒,能杀死细菌原虫,静置15min后可饮用。若水质混浊,滴入水中的碘酒要加倍,静置的时间也要加倍。对碘过敏者避免用此法。用漂白粉精片消毒,漂白粉精片便于携带保存,消毒效果可靠,可在防疫站、医药商店购买,按使用说明处理水。也可用明矾静水。

## 5.4 食品种类和特点

野外考察携带食物遵循原则:一是味美好吃,可口的食品可以增进食欲;二是营养丰富,高蛋白质食品对补充体力很益;三是处理简单,不需做太多的烹饪处理;四是要与所携带的炊具配合进行烹饪;五是按野外活动的天数和人数准备食物,要充足,但也不要过多,避免增加额外负担。如果去地形复杂的野外或陌生地区活动,应适当多准备一些食品,以多带2～3d的食品为宜,以防发生意外。

### 5.4.1 方便食品和常规食品

市场上方便食品很多,有方便面、方便米饭、方便米粉、压缩饼干、速食汤料、肉松、肉干、罐头等。这类食品携带方便、营养丰富,是野外考察的理想食品,不过价格较贵,长期食用口感也不太好,比较适宜1~3d的短期野外活动。如果野外活动时间超过3d,应适当携带米面,做几顿饭菜调剂口味。

花生米所含营养丰富,能量高,便于携带和保管,炒、炸、煎、煮均可,也可直接生吃,对迅速恢复体力很有效果,而且价格便宜。野外活动可考虑多携带花生米以备不时之需。夜间宿营时要将食物挂放在野生动物够不到的地方,避免食物"被盗"或遭破坏。

### 5.4.2 蔬菜

野外科学考察活动不可能大量携带新鲜蔬菜,若需携带蔬菜,应尽量选择体积小、耐运输、存放时间较长的种类,如包心菜、茄子、土豆、瓜类、青椒、芹菜等品种,比较适合。在野外还可寻找蒲公英、车前草、鸭跖菜等野菜作为蔬菜食用。

## 5.5 炊具

野外考察所用炊具应该轻便耐用,一具多用。因篝火火势较猛,炊具常被熏黑,锅把被烧坏,因此不锈钢制作的袖珍型套锅和套碗不适合在篝火上使用。普通的家用炊具可作野外炊具使用,使用中要注意保护锅把不被火烧坏。云南山区群众使用的锣锅很适合在野外使用,锣锅是平底锅,受火面积大,锅体上端有一圈较宽的锅沿,便于用手端拿,锅把为金属,不易烧坏,可用来烧水煮饭烙饼,锣锅浅盘状的锅盖可用来炒菜。

野外考察的炊具应根据考察人数、时间及地点灵活选择搭配。人少的两三天野外考察活动,可以方便食品为主,每人各自携带可烧煮的饭盒或袖珍型炊具即可。若人数较多,活动时间长,除锣锅外,还需要携带水壶、高压锅及炒锅等,以备不时之需。

### 5.5.1 煮饭锅

煮饭锅可以用普通的平底铝锅或锣锅,也可选用高压锅。高压锅的优点是节省燃料和时间,与普通平底铝锅相比,煮同样的食物,高压锅可节约2/3的时间和燃料。野外用高压锅，3人团队选直径18～20cm的高压锅，4～6人团队选直径22～24cm的高压锅为宜。如果需要在海拔3000m以上的高山野炊，因高山气压低，水的沸点也低，普通锅不能煮熟食物，必须携带高压锅。

使用高压锅应按高压锅使用说明书操作，食物量和水量不能超过说明书规定的容量，煮豆类还应适当减少容量。安全塞必须使用易熔片，不可用铁丝木棍代替。高压阀要保持清洁，开盖之前，一定要确认锅内已无残余气体，以免发生危险。野外使用高压锅，常因篝火火势太猛而烧坏锅把，使用时要注意保护好锅把。

若野外竹子较多，可利用竹子做锅煮饭或烧水。选择直径稍大的竹子，把它砍成60～80cm长的竹筒，竹筒的一端要有保留完好的竹节。用芭蕉叶或其他宽大无毒的植物树叶，卷成与竹筒长度相等的圆筒置于竹筒内，将淘洗干净的米倒进筒内后，注入清水，水比米高10～15cm，用树叶或芭蕉叶把竹筒口塞紧，将竹筒口向上斜架于火上烧煮。因水传热，竹筒不会烧坏。通常40min可煮熟米饭。用竹筒烧饭时，要经常转动竹筒，让其均匀受热。若不用芭蕉叶或树叶衬于筒内，同样可以煮饭。米饭烧好后，需用刀先将竹筒烧糊的部分削去，把竹筒劈为两半，才能取出米饭。用竹筒烧汤或烧水的方法与烧饭相似。烧菜时若需搅拌，可用一根比竹筒长些的木棍操作。

将粗细适度的竹子砍成长约15cm，一端留有竹结，另一端砍成呈45°的斜面，用刀把斜面削光滑，就制成了喝汤的杯子。将粗大竹筒两端的结留下，从竹筒1/3处划开，就是一个装菜盛汤的竹盆。

### 5.5.2 炒菜锅

野外科学考察使用的炒菜锅以铁板锻打制作的带把炒勺为首选，不易摔坏。而铸铁锅沉重，不耐碰撞，容易被摔坏，不适合在野外使用。

### 5.5.3 铝箔纸

铝箔纸不是炊具，但在野外烹调中经常用来烧烤食物。在铝箔纸的内侧抹上一层油，把准备好的食物，如肉块、鱼块、鸡翅等和葱姜及调料放入后包好，把铝箔纸包放在炭火或热灰中加热足够时间，即可取出食用。将米饭加上酱油和调料用铝箔纸包好加热，可做成别有风味的食品。铝箔还可以用来叠成锅烧水煮汤，可折成杯碗等临时餐具。

## 5.6 可食野生植物

可食野生植物可分为野水生果和坚果、野菜、野花、地衣等类型，中国地域广阔，能食用的野生植物各地均有，总计有2000多种。

### 5.6.1 野生水果

可食用的野生水果常见的有桃金娘、胡颓子、小果蔷薇、多种悬钩子、三叶木通、猕猴桃、山葡萄、山樱桃、四照花、余甘子、沙棘、棠梨、水麻果、火棘等。

#### 5.6.1.1 火棘

火棘又叫火把果或救兵粮，广泛生长在南方各地山坡路边。多年生常绿小灌木，小枝有刺，叶很厚，互生，椭圆形或倒卵圆形，叶尖圆，长2～6cm，边缘有锯齿。叶子上面深绿色，下面淡绿色。复伞房花序，花白色，成熟果实红色，可生吃，味道不错。不过若吃得太多，会导致便秘。

#### 5.6.1.2 悬钩子

悬钩子种类繁多，各地有很多俗名，如锁莓、黄泡、野鸡泡、龙船泡、三月泡、五月泡等。此处仅以小叶悬钩子作形态描述，生长在海拔400～2600m的山地。落叶灌木，高1～2m，枝条常呈弓形弯曲，有短绒毛和稀疏的短刺。羽状复叶有小叶3片，宽卵形，长2.5～6cm，宽1～5cm，叶片边缘有重锯齿，背面有白色茸毛，顶端小叶较大。果实近球形，直径1～1.5cm，红色。5—6月开花，7—8月果实成熟。果实可直接食用，维生素和糖分含量较高。

#### 5.6.1.3 山葡萄

山葡萄别名野葡萄，细长藤本，生长在山坡树林和沟谷地带。叶片大，心脏形三裂或五裂，边缘有浅而不整齐的锯齿，表面无毛，背面有很多锈色绒毛。7月开淡黄色小花，花瓣5片，果实为紫黑色球形浆果，9—10月果实成熟，紫色，味酸甜，可鲜食。

#### 5.6.1.4 猕猴桃

猕猴桃分布于中国东部和中部地区，生长在林中空地或稀疏杂木林内，种类较多。落叶藤本，茎长可超过20m，茎皮淡灰褐色，缠绕在其他树木上。单叶互生，叶片卵圆形，暗绿色，叶柄长2～10cm，叶片先端突尖，边缘有不规则锯齿，叶片长4～13cm，宽3～10cm。果实有长椭圆形、矩圆形、长卵形等，长2～3cm，表面常密布褐色极细茸毛，果实8—9月成熟，成熟果实可直接食用。

5.6.1.5　乌饭树

乌饭树别名乌饭或苞越橘。高1～2m的小灌木，生长于山地丘陵。叶互生，卵形、长椭圆形或披针形，革质而有光泽。夏初叶腋生出乳白色有短柄的小花，总状花序。球形小浆果，秋季成熟后为紫黑色，有甜味，可以直接食用。

5.6.1.6　胡颓子

胡颓子俗称甜棒槌或羊奶子。灌木，叶长椭圆形，边缘呈波形而常卷曲，质厚，表面深绿色，有光泽，背面绿色带有银白色鳞斑。秋冬季开银白色花，果实椭圆形，次年3—5月成熟，红色。味酸甜，可直接食用。

5.6.1.7　水麻

落叶灌木，生长于山野溪流和沟渠边。高1～2m，叶互生，披针形，边缘有细锯齿，有主脉3条，在叶背面明显而突起，叶表面绿色，背面灰白色。花单性，形小，无花冠，果实为球形聚果，黄色，4—5月果实成熟，味甜可口，能直接食用。

5.6.1.8　刺梨

落叶灌木，高1～2m，茎上有刺，树皮灰色，呈片状脱落。叶为羽状复叶，有7～15片，小叶椭圆形，顶端尖，有锯齿。花1～2朵，淡红色，花梗和花托有刺，果实生于花托底部，扁球形，淡黄色，外皮有毛刺，1～2cm。6—7月成熟。果实甜或酸涩，常直接食用。

5.6.1.9　金樱子

金樱子别名糖罐子或灯笼果。常绿小灌木，生长于山野，枝条多刺。叶为复叶，由小叶3～5片合成，小叶呈椭圆形，先端尖锐或渐尖，边缘有锯齿，叶片表面有光泽，背面有网状脉。花白或淡红色，花梗密生褐色茸毛。果实秋天成熟，呈枣红色，表面有刺。采摘果实后用厚布包住，用脚轻轻擦搓，脱刺后将果实打开，去掉种子和茸毛，直接食用果肉。

5.6.1.10　地瓜

地瓜别名地枇杷或地石榴。匍匐性藤本，生长于山道或田埂边。茎藤紫红色，枝上升，有茸毛。叶小，互生，倒卵椭圆形，基部钝或心脏形，顶端渐尖，边缘有波状齿，叶子表面和背面都很粗糙。花托球形，生于土中，黄红至红色。果实球形，类似枇杷，外皮薄，间有黑色斑点，肉也为黄红色或紫红色，中心丛生许多白色种子。果实7—8月成熟，翻茎即可采摘，果味甜而多汁，直接食用。

#### 5.6.1.11 木通

木通俗称八月瓜或羊开口。落叶或半常绿藤本，以茎缠绕在其他灌木或乔木之上。长可达9m。掌状复叶，由3片小叶合成，小叶卵形、革质，全缘或略呈浅波状，通常有粗齿牙。4月开暗紫色花，总状花序，果实长椭圆形，有厚果皮，秋季成熟时呈紫色，纵裂露出白色果肉。果实味甜多汁，可直接食用。

#### 5.6.1.12 山樱桃

落叶灌木或小乔木，生长在山地森林中。叶卵形或椭圆形，边缘有锯齿，叶背有很多细毛。春天开白色或淡粉红色花，果实圆形，成熟后颜色深红。5—6月果实成熟，味甜带酸，直接食用。

#### 5.6.1.13 山楂

山楂俗称野山楂、红果子、山里红等。落叶灌木或小乔木。茎上有针状刺，单叶互生，叶片倒卵形或椭圆形，两面均有茸毛，边缘有齿，不分裂或分裂成3~5片，春季开5瓣白色花；果实圆形或梨形，黄色或红色，味酸甜或带涩味，可直接食用。

#### 5.6.1.14 余甘子

余甘子也称滇橄榄。叶小，线状长圆形，长0.8~2cm，先端平截或钝圆，有尖头或微凹，基部浅心形；多朵雄花和一朵雌花或全为雄花组成腋生聚伞花序；果为球状核果，直径1~1.3cm，外果皮肉质，淡绿色或者淡黄白色，内果皮壳质。

### 5.6.2 野生坚果类

#### 5.6.2.1 榛子

分布于东北、华北、西北和西南等地，生长于海拔200~2000m的山地。高1~3m的小灌木，树皮灰褐色。叶片卵形，长5~13cm，宽2~10cm。果苞近钟形，比果实长但不超过1倍，外表被柔毛。坚果近球形，直径1~1.5cm。4—6月开花，8—10月结实。除去果苞，砸开果皮，种仁可生吃或炒吃，味美可口，蛋白质和脂肪含量较高。

#### 5.6.2.2 栲树种子

壳斗科常绿乔木，高可达10m以上。树皮暗灰，叶革质，长椭圆形，先端渐尖或略为渐尖，全缘，表面光滑，背面有很多黄褐色或赤褐色茸毛。果穗长6～9cm。果实似栗子而小，其苞外有短刺，下部稍扁而渐向末端尖锐，生有很多白色短细毛，11月间成熟，苞裂开果实掉落地面。果实甜美，生吃、烧吃或炒熟吃。

#### 5.6.2.3 锥栗

壳斗科常绿高大乔木，别名尖栗或箭栗，树高可达20～30m。叶薄，长椭圆状卵形，先端长狭而尖，边缘有锯齿如刚刺。果实外有刺苞，每苞内仅有一粒坚果，为卵状圆锥形，先端尖。味美可口，吃法与栲树坚果相同。

#### 5.6.2.4 茅栗

壳斗科的灌木或小乔木，别名野栗子、凹栗子。高4～9m。幼枝有嫩茸毛，叶为长椭圆形，先端渐尖，基部圆形或略为心脏形，边缘有粗锯齿，叶背绿色。刺苞的刺上有毛，通常苞内有3颗坚果。吃法与栲树坚果相似。

#### 5.6.2.5 红松和华山松

红松分布于我国东北、华北，华山松分布于华北、西北及西南地区。常绿乔木，叶针形，每束有松针5根。球果大呈卵状圆锥形，9—10月成熟，球果内的种子可生食或炒食。

### 5.6.3 野菜

#### 5.6.3.1 蒲公英

蒲公英俗称婆婆丁，生长于山野路边。叶羽状，有锯齿，分裂成片，叶片质薄软弱。早春发芽生枝，开黄色头状花。种子成熟后有白色茸毛，呈圆球状。采摘嫩苗，用开水烫后炒吃或烧汤。

#### 5.6.3.2 车前草

车前草俗称蛤蟆叶，生长于山野路边。叶椭圆形，叶片革质，白色穗状花，采摘嫩苗，用开水烫后炒吃或烧汤。

#### 5.6.3.3 蕨菜

蕨菜俗称拳头菜、龙爪菜。生长于江南各地的山坡草地或疏林中。多年生草本植物。地下根状茎很长。叶子幼小时像拳头一样卷曲，外面有白色茸毛；叶子老时张开，革质，2～3回羽状分裂，背面常有稀疏的毛，叶脉下面凸起。春、夏季采摘拳状幼叶水煮后炒食。霜降后清明前挖其地下根茎捣碎，加水浸泡后用纱布过滤，液体沉淀后所得淀粉叫蕨粉，可食用。

#### 5.6.3.4 葛

葛分布江南各地，生长在向阳的小杂木林内或山坡上。藤本，茎被少数长硬毛。小叶3片，侧边两片小叶阔卵形，顶生小叶卵形。花紫色，蝴蝶形，总状花序，生在叶腋中间。结荚果，长5～6cm。7—9月开花，9—11月果实成熟。春夏采摘嫩茎叶炒食或烧汤。早春和晚秋挖块根捣碎，在冷水中揉洗去渣，沉淀的淀粉称葛粉，可煮熟食用，味甘美。葛根也可蒸熟、煮熟或在火中烧熟直接食用，食用时注意吐出根里的纤维。可生嚼葛根食用其中的水分和淀粉。

#### 5.6.3.5 青葙

青葙俗称野鸡冠花、野鸡冠菜或白鸡冠。分布于云、贵、川及华东、华中、华南各省区。长于荒野路旁山沟、河滩、沙丘等处。一年生直立草本，茎干单生分枝。叶片互生，有披针形、卵状披针形或卵形，叶边全缘。穗生花序，花细小，白色或淡红色。种子黑色发亮。春夏季采摘嫩苗或嫩叶，开水烫后放水中漂去苦水，加调料凉拌或炒食。

#### 5.6.3.6 安南菜

安南菜又名革命菜或野茼蒿。分布于江南各地，生长在荒地、路旁、水沟边和山坡草丛中。一年生直立草本，高20～100cm。茎肉质柔软，无毛，有条纹。叶片薄而呈长圆形，7～12cm，叶缘有不规则的齿缺或浅裂，有长叶柄。花粉红色，少数头状花序，排列成圆锥形向下弯。果实为瘦果，狭圆柱形，红色，有线条，顶部有白色冠毛。春天至秋天开花。春夏秋季采摘嫩茎叶或嫩苗，洗净炒食。

#### 5.6.3.7 马齿苋

马齿苋俗称酱板菜、马士菜或蚂蚱菜。茎沿地面生长的草本，茎圆柱形，叶长椭圆形，茎叶肥厚柔嫩，紫红色，夏天开黄花。生长于耕地土路边。嫩茎叶洗净炒吃。

#### 5.6.3.8 蕺菜

蕺菜别名折耳根。白色。叶直生，心脏形，表面绿色，背面紫红色。夏初开白色小花。阴湿山地普遍生长,以地下茎蔓延繁殖。蕺菜有特殊气味,通常采摘地下茎或嫩叶用开水烫过后凉拌食用。

#### 5.6.3.9 鸭跖菜

鸭跖菜别名水竹菜。茎横在地上生长,叶披针形,互生,茎叶柔嫩均有细毛。夏日开蓝紫色小花。山区潮湿低地水坑附近普遍生长。采摘嫩茎叶炒吃或烧汤。

#### 5.6.3.10 菹草

菹草俗称札草或虾藻,水生植物。广泛分布于南方各地静水、池塘、沼泽和缓流河水处。叶宽披针形或线形,叶尖钝或尖,基部略圆或狭窄,边缘呈波纹状,无叶柄。分枝甚多,略扁平。穗状花序顶生,具花2~4轮。捞取嫩茎或嫩叶,洗净后炒食或烧汤。

#### 5.6.3.11 豆瓣菜

豆瓣菜俗称水田芥、西洋菜或无心菜。广泛分布于长江南北,生长在溪边、塘边和山沟流动的浅水中,珠江流域一带多有栽培。多年生水生草本。茎干有很多叉,空心,漂浮在水面。叶子为奇数羽状复叶,卵圆形或椭圆形。开白色小花,多数组成短的总状花序,夏季开花。果实为长角果,长0.9~2.8cm,有长梗。夏秋采摘嫩茎叶用开水烫后,加调料凉拌或直接炒食。

#### 5.6.3.12 鼠曲草

鼠曲草又名清明草、佛耳草、粑粑草。分布在华东、华中、华南、西南各省以及陕西、河北。生长在低海拔山坡和湿润草地上。两年生草本,全身披有很多白色茸毛。叶互生,匙形或倒披针形,光滑边缘。很多头状花序排列成伞形,花黄色。果为瘦果,椭圆形,细小顶端有黄白色冠毛。2—5月开花。春夏秋采摘嫩茎叶和花序,开水烫后炒食,或切碎后与米粉蒸食,甜美可口。

#### 5.6.3.13 菝葜

菝葜别名金刚刺。攀缘藤本,生长在山野森林中。茎多刺,叶互生,椭圆形或卵圆形,叶柄基部有卷须两条。夏季从叶腋抽出花茎,开黄绿色六瓣小花,花后结红色浆果。春夏采摘嫩茎叶,用开水烫过后炒吃。

#### 5.6.3.14 野芭蕉

生长在福建、广东、广西、海南及云南等地低海拔地区的山谷低地和山坡。多年生圆柱状高大草本,高2~5m。茎干柔软富含水分。叶片长椭圆形,长1~2m,宽20~60cm,7~9片呈螺旋状排列。每片叶分叶鞘、叶柄及叶片三部分。叶片背面被白色粉,顶生花序由叶鞘内伸出。果为肉质浆果,长8~10cm,直径2~3cm,黄绿色,浆果内种子黑色圆形。3—8月开花,7—12月结果。把嫩茎叶花和根用开水烫一下,再用清水漂洗,煮食或炒食。

#### 5.6.4 根茎类

##### 5.6.4.1 白茅根

白茅根别名茅草、黄茅草。多年生草本,生长于向阳山坡或弃耕地。根蔓延甚广,生长力强。植株高30~100cm,叶片线形或线状披针形,边缘粗糙有锯齿。圆锥花序,穗状,紧缩呈圆柱形,有白色丝状长毛隐藏小穗。其白色地下茎富含果糖和葡萄糖,俗称茅根,味甜美,洗净直接食用。

##### 5.6.4.2 黄精

黄精别名黄姜、老虎姜、肉罗汉。多年生草本,长于山野林下。茎圆柱形,叶披针形,先端尖。夏初从叶腋生出淡绿色钟状小花。花谢后结球形浆果。根茎暗黄色,肥大似姜,含有较高糖分,煮熟食用。

##### 5.6.4.3 薯蓣

薯蓣别名野山药、竹根薯。多年生攀缘草质藤本,叶为长心脏形,先端尖,对生,茎和叶为绿色。夏天,从叶腋生出穗状花序,开白色单性花,果实为裂果。地下块根圆柱状,外皮深黄或淡黄色,内肉为白色,有黏液。块根味美,多在秋季采挖,可直接烧熟食用或煮食。

##### 5.6.4.4 百合

多年生草本,生长于山野,茎高30~60cm,叶轮生,长卵形或长椭圆形。夏天,茎顶部开暗紫色钟状花。地下鳞茎呈球形,鳞片狭尖,白色,带红紫色。黑百合鳞茎富含淀粉,营养丰富,秋季挖出球茎洗净蒸熟或煮熟后食用。

##### 5.6.4.5 白及

白及别名地螺蛳,多年生草本,常见于山野川谷间。茎高30~60cm。叶互生,全缘,广披针形,先端尖,两侧主脉各有2~5条,叶片下部包着茎,夏季茎上部开红紫色或白色花。地下块茎卵形或圆柱形,外皮黑色,内肉白色。根茎可煮食或炒食。

## 5.7 植物食用处理

### 5.7.1 野菜的简易处理

食用野菜需根据种类加工处理，以去异味和微毒。有些野菜，味美无毒，可直接炒食或煮食，如鸭跖草、萹蓄、荠菜、扫帚菜、糯米菜等。有些野菜略有苦涩味，用开水烫煮过就可加调味品食用，如蒲公英、车前草等。有些野菜经过烫煮后还需挤去苦涩汁液再加调味品食用，如马齿苋、托尔菜等。有苦涩味并具轻微毒性的野菜，如败酱、水芹、龙芽菜、刺菜、菝葜等，采摘嫩茎叶洗干净后用开水或盐水煮5～10min，捞出后再用清水浸泡数小时且需多次换水，去掉苦味后再加工炒食。

### 5.7.2 野菜毒性的鉴别

野菜的毒性鉴别是野外生存的重要知识。中国野生植物资源极其丰富，但若非专业植物学者，很难准确鉴别。迫不得已采食不认识的野生植物时，可用以下几种方法鉴定植物是否有毒。

①取少量的植物幼嫩枝叶，在嘴中用门齿嚼碎后用舌尖品尝，看是否有苦涩辛辣及其他异味。如果怪味很浓，则可能有毒，应立即吐掉，马上用清水漱口。涩味表示有单宁，苦味则可能含有生物碱、苷等有害物质。

②因某些有害物质，如单宁生物碱可溶于水，先将植物用开水烫后，用清水浸泡5～6h，或煮熟后浅尝，若仍有苦涩或怪味，则不可食用。

③向煮开后的植物汤水中加入浓茶，若产生大量沉淀，表示内含重金属盐或生物碱，不可食用。

④植物经煮后的汤水经振摇后产生大量泡沫者，表示含有皂苷类物质，不可食用。

⑤一般牲畜可食用的饲草，人基本都可食用，特别是几种牲畜都喜爱的饲草，通常无毒。

⑥在缺乏以上一切鉴别工具及手段时，亦可先少量试尝某种植物，若8～12h内身体无头晕、恶心、头痛、腹痛、腹泻等中毒症状，再适量食用。

## 5.8 采食野生蘑菇

野生蘑菇中不少种类味道鲜美，但是否有毒，判断比较困难，稍不留心，就可能导致蘑菇中毒。因此野外对蘑菇要特别谨慎，不到万不得已不宜采食。

### 5.8.1 有毒蘑菇判别

从蘑菇的生长地点方面进行判断。无毒的蘑菇通常生长于夏、秋两季，一般长在清洁的草地、松树林的地面上或林下草叶构成的腐殖土中。用鼻子嗅闻，没有任何异味。而有毒的蘑菇多生长在坟地古墓周围以及废物堆积的阴暗潮湿的地方。无毒蘑菇生长期短，大多数长出1~2d就开始枯萎凋谢。而毒蘑菇有多日生长期，有的种类还会木质化，长时间不会枯萎。

从蘑菇的外形和颜色方面进行判断。大多数无毒蘑菇的颈部，俗称蕈柄，是白色，颈顶呈伞形圆顶，俗称蕈盖，颜色多为白色、棕紫色或淡红色，顶面光滑无粉末状堆积物和疣状斑点。有毒蘑菇大多奇形怪状，有红、紫、青、黄等鲜艳浓厚的颜色。蕈盖与蕈柄上有疣状斑点或裂沟。有的毒蘑菇在蕈柄上部有蕈轮，根部有囊胞，有恶臭辛辣的气味。有的毒蘑菇还有自己独有的特征，如白帽蕈呈粉白或黄绿色，蕈柄上有波纹网状花纹；捕蝇蕈的盖圆而扁，呈深红色并有黄白色的疣状物；鬼笔蕈的蕈盖小而呈黑褐色，并有黏液。无毒蘑菇质地柔软，容易撕剥，撕剥后无水分流出，蕈茎较坚硬，下端稍肥厚，不易扭断。而毒蘑菇的蕈盖、蕈柄多含水分，皮容易脱落。有的毒蘑菇与无毒蘑菇外貌极为相似，采集时须十分小心辨认。

除以生长地点、外形与颜色来判断蘑菇是否有毒外，还可用以下几种方法进行判断。用一盆清水，将蘑菇浸泡在水中十余分钟，若清水变浊，特别是出现颜色，说明蘑菇有毒；若水不变色也不变浊，通常无毒，应将蘑菇及时取出，以免营养成分流失。葱试法，用一段葱在蘑菇上擦一下，若葱变成青褐色，说明这种蘑菇有毒。用灯草与蘑菇混合同煮，若灯草变成黄色，说明蘑菇无毒；若灯草变暗成青紫色，则表明蘑菇有毒。用少许白米与蘑菇一起煮，若米粒变黑，说明蘑菇有毒。

由于有的毒蘑菇与无毒蘑菇外形极相似，难于辨认，加上自然界中还有许多蘑菇尚不被人类了解，所以目前仍没有一种鉴定蘑菇是否有毒的绝对正确的方法。在野外考察采食蘑菇一定要谨慎行事，千万不可抱有侥幸心理。

### 5.8.2 蘑菇中毒的应急处理

吃蘑菇要炒熟煮透，不能凉拌生吃。吃蘑菇不宜喝酒，一次进食量最好别超过250g。对不认识或没把握的蘑菇，虽按上述方法鉴别后，食前仍应先尝一下蕈汤，如果汤味苦涩，证明还是有毒，不能吃。此外，吃蘑菇最好不要在晚饭时或在晚上吃，万一发生中毒不易应急处理。

食用蘑菇后如果出现不同程度的头痛、恶心、呕吐、腹痛或心情烦躁等症状，通常就是蕈中毒。应立即进行催吐并去医院就诊。催吐方法是一次喝入大量的盐水，用手指或筷子挤压舌根，也可用羽毛刺激咽部，反复引起呕吐，尽量把吃下的东西全部吐出来，以减少毒素在体内的停留时间。随后喝些浓糖茶水或用新鲜的梨树叶1～2kg，捣烂取汁，用冷开水拌汁饮服，均有一定解毒作用。经过应急处理后，仍应尽快到医院就诊，以做进一步处理。

## 5.9 捕食无脊椎动物

野生植物虽然容易采集，但所含营养成分有限，缺少蛋白质，作为娱乐休闲式的尝鲜的确有趣，但若在缺少食物时大量食用，吃后仍会觉得没有体力。为了在野外遇险时恢复体力，摄取动物蛋白质很重要。在野外可食用的动物种类很多，无脊椎动物捕捉相对比脊椎动物捕捉容易，野外遇险需要食物时，应优先考虑捕捉食用无脊椎动物。

无脊椎动物中种类和数量最多的是昆虫，将昆虫和其他无脊椎动物作为食物，很多人觉得难以想象。其实，人类食用昆虫的历史源远流长，世界上许多国家和地区至今仍有食用昆虫的习惯。中国食用的昆虫至少10多种。昆虫体内含有丰富的有机物质（如蛋白质、脂肪、碳水化合物等）、无机物质（如各种盐类及钾、钠、磷、铁、钙等微量元素）以及人体所需的氨基酸，如烤干的蝉含有72%的蛋白质，黄蜂含有81%的蛋白质。100g牛肉能产生130cal热量，但100g白蚁能产生500cal热量。昆虫有繁殖快、世代周期短、数量多、容易捕捉等特点，野外遇险后寻找食物，昆虫往往成为首选。

食用昆虫或其他无脊椎动物，根据当时具体条件，应尽量采用烧烤、煎炸、水煮等加工方法，不到万不得已，不要生吃，以免动物体内的寄生虫或病菌进入人体，感染或发生其他疾病。

### 5.9.1 蝗虫

各种蝗虫，包括蚂蚱的成虫和幼虫均可食用。用带树叶的枝条扑打，或用塑料薄膜铺在地上，将蝗虫赶到塑料薄膜上，因塑料薄膜光滑，蝗虫无法逃跑易于捕捉。

### 5.9.2 蝼蛄

食用成虫，徒手捕捉或在夜间用灯光引诱。

### 5.9.3 螽斯

螽斯又叫蝈蝈。食用成虫，徒手捕捉或用树枝扑打。

### 5.9.4 蟋蟀

食用和捕捉方法同螽斯。

### 5.9.5 蝶蛾类

各种蝴蝶以及天蛾、刺蛾、夜蛾、蓑蛾、螟蛾等蛾类。蝶类幼虫体表光滑；蛾类幼虫体表多毒毛，外形丑陋，一般多选择吃蛹。

### 5.9.6 白蚁

食用成虫和卵，寻找蚁穴掘取。白蚁有树栖和地栖两类，树栖白蚁多在树木中，体色纯白，吃起来无异味；地栖白蚁多在土壤中，体色棕褐，吃起来有怪味。

### 5.9.7 蚂蚁

成虫、幼虫、蛹和卵均可食用，挖穴掘取或用食物引诱。食用蚂蚁时要特别注意，蚂蚁中臭蚁科的种类有毒，不能食用。臭蚁个体小，尾部上翘，有臭味，易与其他蚂蚁区别。热带地区的黄猄蚁体内含有大量蚁酸，要用开水多煮漂几次，再食用。

### 5.9.8 蝉

蝉俗称知了，食用成虫。用树枝扑打或用胶竿粘。在山区的河滩边有时会见到大量蝉饮水后死亡聚在一起，若很新鲜可收集食用。

### 5.9.9 蜻蜓

成虫和幼虫均能食用。成虫用树枝扑打，或胶粘网捕。蜻蜓幼虫叫水虿，可用网具在水中捕捞。

### 5.9.10 石蚕

食用幼虫。幼虫生活在溪流中，吐丝将几块石头粘在一起作为栖身的窝，徒手在水中捞取石蚕的石头窝，捉取幼虫。

### 5.9.11 负子蝽

食用成虫，用网具在水中捕捉。

### 5.9.12 天牛

食用幼虫。幼虫生活在树木里，蛀木为生。寻找多虫眼的枯木，划开寻找其幼虫。

### 5.9.13 龙虱

成虫幼虫均可食用，用网具在河流池塘里捞取。

### 5.9.14 螳螂

成虫、幼虫及卵均可食用，用手直接捕捉。

### 5.9.15 蜂类

主要食用种类为黄蜂、胡蜂及蜜蜂，成虫、幼虫及蛹均可食用。收集蜂类时要尽量选在夜间进行，找到蜂巢后先用火烧死成虫后再收集幼虫和蛹，烧蜂巢时将自己的头、手用厚衣服或其他物品保护起来，避免被蜇伤。

### 5.9.16 蜘蛛

食用成虫，用枝条扑打。

### 5.9.17 蚯蚓

食用成虫，用工具在地上掘取。

### 5.9.18 虾

用网具在水中捕捞。或用树枝扎成束，夜间放入水中，翌日清晨将树枝迅速提出水面，翻找藏在树叶里的虾。

### 5.9.19 螃蟹

翻开溪流边的石头寻找，徒手捕捉即可。

## 5.10 捕食脊椎动物

脊椎动物中，人们经常食用鱼、蛙、鸟、兽，食用蛇及蜥蜴相对较少。

同无脊椎动物相比，脊椎动物运动快速、习性机警，野外一般很难遇到，捕捉相对困难。需注意的是，由于长期被人们捕捉食用，很多脊椎动物种群数量下降，成为受法律保护的物种，因此在捕食野生脊椎动物时要遵循：不能捕食受法律保护的种类；对一些虽不受法律保护，但数量较少的种类要有自觉保护意识；从保护环境和野生动物角度考虑，只有在野外遇险或食物用尽，不捕捉野生动物不能摆脱困境的情况下，才可以捕食。

### 5.10.1 捕捉鱼类

鱼类是相对容易寻找和捕捉的食物，有溪流、水潭的地方，大多能发现鱼的踪迹。山里河流最快捷高效的捕鱼技巧是用树叶杂草和砂石断开支流或岔河的水。在无法断流捉鱼的情况下，可采用以下方法捕捉。

#### 5.10.1.1 钓鱼

在山溪水潭有鱼的地点垂钓，用蚯蚓、蝇蛆及其他昆虫作鱼饵。没有鱼饵时可用羽毛、棉球、花瓣等物品作鱼饵，能起到一定效果。

#### 5.10.1.2 徒手摸鱼

直接用手在水中摸鱼。摸鱼时，两手十指尽量分开，沿水底或岸边水草丛生处两手缓缓轻轻地合拢，摸到鱼后，若鱼小，可直接将鱼握在手心中抓出；若鱼较大，应用手轻轻地沿鱼腹移动，抓住鱼鳃后将鱼捉出水面。这是原始有趣的捕鱼方法，需要耐心。

#### 5.10.1.3 捞鱼

用汗衫等衣物和分叉树枝做成"网兜"，把水搅混等鱼浮头后用网捞，或用网兜直接在水中捕捞。

#### 5.10.1.4 叉鱼

鱼在夜间活动比较迟缓，可用临时制作的竹木鱼叉，用火把或手电照射叉鱼。用弓箭射杀浮在水面的鱼也很奏效。

#### 5.10.1.5 工具捕鱼

用竹子或树条编织成外大里小的倒刺形喇叭状入口的鱼笼，在溪流上临时堆起小坝，中间放置鱼笼，开口与水流方向一致，逆水而上的鱼进入鱼笼后被捉。

#### 5.10.1.6 诱鱼

用大的塑料瓶或玻璃瓶等容器，入口处加以改造做成倒刺形喇叭口，在容器内放入饼干、碎面包、馒头、米饭等，用绳子拴好，放进水中。鱼被饵引诱进入容器内，因口小不易逃出，定时提出诱鱼器将进入其中的鱼取出。

#### 5.10.2 捕捉蛙类

可用鱼钩装饵钓出藏在沼泽草丛中的蛙，或直接在水中用手摸，方法与捕鱼类似。夜间用手电照射，用树枝打击或徒手捕捉。蛙类中的铃蟾、蟾蜍等种类皮肤有毒，不宜作为食物，尽可能将其皮和毒腺除去后再食用。

#### 5.10.3 捕捉蛇类

很多人对蛇有强烈的心理恐惧，需要克服。

可用长的木叉叉住蛇颈捕捉，也可用绳子和竹竿、木棍做成一端有活套的套杆套住蛇头捕捉。若徒手捕捉无毒蛇，先用手捉住蛇尾，再将蛇提起，迅速用另一只手捉住蛇颈或蛇头。徒手捉蛇动作要轻、快、准，注意防止被蛇咬伤。

若不能准确判断是否为毒蛇，或没有徒手捉蛇的经验，最好使用器械捕蛇。最简单有效的方法是直接用木棍或树枝将蛇打死，打时对准蛇头部或颈部用力击打。认真检查蛇是否死亡，很多蛇会假死。处理蛇时，为防意外，先将毒蛇的头砍下，挖坑深埋，然后再剥皮开膛，去掉内脏。

#### 5.10.4 捕捉蜥蜴

各种蜥蜴的肉都可食用，蜥蜴动作迅速灵活，徒手捕捉很困难，可用带枝条的树枝快速击打，或者用套索捕捉。

#### 5.10.5 捕捉鸟类

常用弹弓和弓箭射击，使用弹弓打鸟要多练习，弹丸选择上尽可能用表面光滑的圆形小石头。如果认识能分泌黏胶的植物，可提取黏胶粘鸟，也可用活套、石按等猎具捕捉鸟类。石按是南方叫法，北方叫压拍子，用石块、木头或冻土制成，用木棍或绳子做成触发机关，安装诱饵，可用于捕捉鸟类和小型兽类。

#### 5.10.6 捕捉兽类

捕捉兽类的工具和方法很多，有些捕捉大型兽类的方法对人较危险，如地弓、尖桩陷阱、刷杆、吊脚扣、阎王碓等，这些大型猎具制作费时费力。野外遇险后，如果不是需要长期在遇险地停留，通常不会用大型猎具捕捉动物，而是用小型猎具捕捉兽类，下面是几种比较安全的小型猎具捕捉方法。

#### 5.10.6.1 石按捕杀

方法同捕鸟。

#### 5.10.6.2 套索捕捉

套索是用铁丝、尼龙线等材料，一端固定在大树或其他物体上，另一端结成一个圆形活套，将活套置于兽类行走的路径上，野兽经过时被活套套住被捉。活套有多种设置方式，可根据材料和当地动物的情况选用。

#### 5.10.6.3 竹筒捕捉

将内径为6～8cm、长50～70cm的竹筒呈45°斜埋入地下，筒面较地面略高，筒底放诱饵。松鼠等动物进入竹筒内取食，无法退出而被捕获。

## 5.11 动物食物处理

所有动物食物最好熟吃，不到迫不得已，不应生吃。蜥蜴和蛇可将皮剥去，鸟类可拔去羽毛，开膛去掉内脏。若食物不足时，脊椎动物的心、肝、肠、胃等内脏均可食用。食用肠子和胃等内脏应先清洗干净。

兽类剥皮时先在胸部切口，然后用手将皮肤和身体分开，最后将爪子砍掉。剥皮时注意不要将肠道切破，以免造成消化物污染。小型兽类也可用开水烫过，然后用手搓去体毛，或用小火烧掉体毛。若无炊具，可将食物放在火上烤熟，或将食物用树叶包裹，外面涂上稀泥，埋入炭火中烧熟。

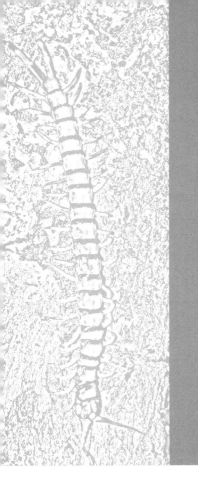

# 第 6 章
# 动物伤害和自然险情防范

现在中国山区森林中大型动物的种类和数量已经很少，但在某些偏远山区偶尔还会遇到熊、豹、野牛、野猪，甚至大象、狼、虎等，其中熊、野猪、大象等对人造成伤害的案例较多，而毒蛇、毒蜂、蜈蚣、蝎子、山蛭、蜱、螨及蚊子等有毒或有害动物，在森林里也经常遇到。另外，在特定的时间和地区，山洪暴发、泥石流、闪电雷击及森林火灾等也会对野外科学考察人员生命安全构成威胁。本章介绍防范动物伤害和自然险情的有关知识。

## 6.1 有毒动物咬伤防范

### 6.1.1 野外毒蛇咬伤防范及救治

在野外尤其是在热带山地丛林中，毒蛇对科学考察人员的威胁巨大。人被有毒动物咬伤中毒案例中，被毒蛇咬伤的案例比例最高。据相关报道统计，每年大约有170万人被毒蛇咬伤，死亡率约为2.4%。蛇类分布广泛，热带、亚热带和温带均有它的踪迹，但在具体地区，种类和数量不尽相同。全世界蛇类有2200多种，其中，毒蛇约为200种。越接近热带地区，毒蛇的种类和数量越多。

蛇咬伤是常见的动物致伤疾病，无毒蛇咬伤主要造成局部损伤，毒蛇咬伤则会导致由毒液从伤口进入人体内而引起的一种急性全身中毒性疾病。由于毒蛇咬伤发病急骤，病情发展迅速，若得不到及时、正确的救治，蛇毒可迅速在体内扩散而影响机体多器官功能，导致机体代谢紊乱，多器官功能衰竭，甚至死亡。参考《蛇咬伤诊疗规范》，在此简要介绍蛇咬伤的相关知识。

#### 6.1.1.1 常见毒蛇种类

中国有蛇类160多种，其中有毒蛇类47种，常见的伤人蛇种类如下。

无毒蛇：王锦蛇、赤链蛇、乌梢蛇、滑鼠蛇、玉斑锦蛇、翠青蛇、鱼游蛇、草游蛇、小头蛇、水蛇、蟒蛇等。

毒蛇：分为神经毒类、血液毒类、细胞毒类和混合毒类蛇。神经毒类如金环蛇、银环蛇、海蛇等。血液毒类如竹叶青、烙铁头、蝰蛇等。细胞毒类如眼镜蛇等。混合毒类如眼镜王蛇、蝮蛇、尖吻蝮蛇等。其中，金环蛇、银环蛇、眼镜蛇、眼镜王蛇、五步蛇、蝰蛇、竹叶青、烙铁头、蝮蛇以及各种海蛇等咬人后会使人致命。

一般来说，毒蛇的头呈三角形，尾巴短秃；无毒蛇头呈椭圆形，尾巴细长。但眼镜蛇、金环蛇、银环蛇的头部却是椭圆形，与无毒蛇相似。而有些无毒蛇，如翠青蛇，它的颜色和大小都与有毒的竹叶青相似。要准确区分有毒蛇和无毒蛇，最科学的方法是将蛇捕捉后，检查它的口内有无大而略弯的毒牙，有毒牙的必定是毒蛇，没有毒牙的是无毒蛇。对于不能确切知道是否有毒的蛇，切记不要徒手捕捉，应使用工具捕捉，以免失手被咬。

#### 6.1.1.2 蛇类习性

了解毒蛇的生活习性、栖息环境和分布地域，对预防毒蛇咬伤很重要。

蛇的行进主要靠蜿蜒运动。有些短粗的小蛇，可作伸缩运动，能加快前进速度，看似好像会迅速地弹跳。普通人觉得蛇游动的速度要比人行走快，其实不然，大多数蛇正常游动的时速约为1.5km，少数种类时速能达6km，与人步行速度相近。在受到惊吓或攻击猎物时，蛇的运动速度会比人步行速度略快一些。非洲的黑曼巴毒蛇在短时间内，时速能达24km，但这是非常特殊的例子。大多数人有蛇运动很快的印象，是因为人遇见蛇时多在野外，地形复杂，行走不便，加上对蛇恐慌，心情紧张，因此得出蛇运动很快的错误印象。

蛇的眼睛晶状体，成圆形，不能改变曲率，只能靠晶状体前后移动调节焦距，所以蛇的视物距离很近，是个近视眼。多种蛇的视网膜上无视凹，只能看到运动的物体。夜间活动的蛇在视网膜和眼球后壁的细胞中有一种叫结晶鸟嘌呤的色素，在非常微弱的光线下，这种色素可使细胞产生视觉兴奋。蛇有无色觉尚无定论。

蛇是"聋子"，对声音无感受能力。蛇虽然听不见声音，但对地面震动非常敏感。蛇靠嗅觉感知周围环境，常常吐出带叉的舌头侦查捕捉空气中的气味分子。

有些蛇类的头部有一个颊窝，是探测红外线的器官，如蝮蛇、五步蛇、烙铁头、竹叶青均有颊窝。竹叶青的颊窝位于眼和鼻的中间，分内室、外室，里面分布有三叉神经末梢。颊窝可测出环境中0.005℃的温度变化，所以能轻而易举地测出恒温动物身上辐射出来的红外线，从而确定其方位并进行攻击。

除眼镜王蛇外，毒蛇都不会主动攻击人。毒蛇咬人多发生在人踩在蛇身上，或离得很近让它感觉受到威胁的情况下。

眼镜蛇和眼镜王蛇主要在白天活动。而金环蛇、银环蛇、烙铁头则主要在夜间活动。竹叶青、五步蛇、蝮蛇白天晚上均活动，在闷热的天气活动更多。五步蛇喜欢在雨天活动。

冬天毒蛇多处于冬眠状态，仅有少数蛇在天气回暖时游出洞外晒太阳，但动作十分迟缓，所以冬天被毒蛇咬伤的极少。春、夏和秋天毒蛇活动频繁，要特别注意防范。

另外，眼镜蛇、眼镜王蛇、金环蛇、银环蛇、烙铁头主要分布于长江以南；蝮蛇分布于广东、广西、福建、贵州、四川、云南、台湾；五步蛇、竹叶青分布于长江流域和东南沿海各省。金环蛇和银环蛇在山区的森林中很少见，其他种类的毒蛇则比较常见。

### 6.1.1.3 毒蛇防范

（1）做好个人防护

野外考察活动应穿好衣裤鞋袜，扎紧裤腿，最好穿上帆布做的防蚂蟥袜，再打上绑腿，这样可大大降低被毒蛇咬伤腿、脚的概率。在蛇类活动频繁地区从事野外考察，应随身携带治疗毒蛇咬伤的急救药品。

栖息在树上的毒蛇，如竹叶青，颜色与树叶相近，难以分清，穿越树林时要仔细观察，戴好帽子，防备头部被咬。

（2）打草惊蛇

蛇对地面震动特别敏感，野外行走时带上手杖或木棍，边走边敲打地面探路，能将蛇赶走，可有效地避免被蛇咬伤。

（3）看清周围情况

在林中行走，对横在路上可以一步跨越的树干不要一步跨过，而是应先看清楚树干另一侧再走。蛇爱躲在倒树下休息，一步跨过很可能踩上蛇身而被咬。坐下来休息时，要先检查周边是否有蛇藏匿，可先用手杖或木棍将周围草丛打几下，以将蛇惊走。

竹叶青之类的毒蛇喜在灌丛上活动，颜色与环境极为相似；五步蛇的颜色花纹与地表岩石落叶相似；蝮蛇的颜色花纹与石块泥土相似；青蛙多的山溪草丛中，蛇类经常出没活动，因此也要仔细观察。

野外遇到眼镜王蛇的主动攻击，不要慌张，可用手杖、木棍等与之对峙。人蛇对峙时，如果人不动，蛇不会主动攻击。但只要有明显动作，蛇就会闪电般进攻。因此较为稳妥的办法是轻轻地慢慢地拿出物品向一边抛去，或用其他办法在旁边发出声响，转移蛇的注意力，引诱蛇向一边扑去，再设法逃走。眼镜王蛇和眼镜蛇与人对峙时，颈部变得扁平，身体竖立，发出"呼、呼"的声音，极端愤怒时会向对手喷射毒液，距离可达2m远。毒液溅到身体上没关系，但溅到眼内或伤口上，会进入血管引起中毒，千万要小心。

夜间在森林中行走，使用手电照明，尽量不用火把，有些具颊窝的毒蛇能感应到火把的红外线，会误以为是猎物而进行攻击。

#### 6.1.1.4 蛇咬伤救治

（1）流行病学

蛇咬伤是一种常见动物致伤疾病，粗略估计我国每年的蛇咬伤病例数达数百万，毒蛇咬伤人数为10万～30万人，70%以上的人是青壮年人，病死率约为5%，蛇咬伤致残而影响劳动生产者占比高达25%～30%，给社会和家庭带来沉重负担。蛇咬伤多发生于农村偏远地区，目前国内尚缺乏流行病学监测和报告体系，蛇咬伤的发病率上存在严重低估。

（2）发病机制

①蛇毒种类。毒蛇含有多种不同的毒性成分，毒性组分由酶、多肽、糖蛋白和金属离子等组成，其中，毒性蛋白质达数十种。蛇毒按其主要毒性成分与生物效应分为三大类，分别是神经毒素、血液毒素和细胞毒素。

各种毒性组分在不同毒蛇体内含量有较大差异，同种毒蛇的毒性组分也可因地域分布、季节性、蛇龄等而不同。

②蛇毒的中毒机制。蛇毒可对机体神经系统、血液系统、肌肉组织、循环系统、泌尿系统、内分泌系统、消化系统等产生损害。当人体被毒蛇咬伤后，蛇毒进入人体的血液循环系统，引起局部及全身不同程度的中毒症状。不同的毒蛇发病机制各不相同，按其病理作用可分为以下3类。

a．血液毒：蛇毒蛋白酶直接或间接作用于血管壁，破坏血管壁的有关结构，诱导缓激肽、组胺、5-羟色胺等的释放，直接损害毛细血管内皮细胞，抑制血小板聚集而导致出血。蛇毒溶血因子可直接作用于血细胞膜，使其渗透性和脆性增加。磷脂酶A可使血液中的卵磷脂水解而成为溶血卵磷脂，产生溶血作用。蛇毒促凝因子可促使凝血和微循环血栓形成，继而引起弥散性血管内凝血（Disseminated Intravascular Coagulation，DIC）；类凝血酶具有类似凝血酶的活性，既可促进纤维蛋白单体生成，又可激活纤溶系统，在蛇毒纤溶酶的共同作用下引起去纤维蛋白血症，亦称类DIC反应。这种出凝血功能障碍统称为蛇毒诱发消耗性凝血病（Venom-induced Consumption Coagulopathy，VICC）。最常见的此类作用的毒蛇有五步蛇、蝰蛇、竹叶青、烙铁头等。

b．神经毒：神经毒素主要为α-神经毒素（α-neurotoxin，α-NT）和β-神经毒素（β-neurotoxin，β-NT），分别作用于运动终板（突触后）的乙酰胆碱受体和运动神经末梢（突触前），α-NT竞争胆碱受体，β-NT抑制乙酰胆碱释放，再抑制其合成，以上均可阻断神经－肌肉传导而引起神经肌肉弛缓性麻痹，最常见的此类作用的毒蛇有银环蛇、海蛇、金环蛇。

c．细胞毒：蛇毒中的透明质酸酶可使伤口局部组织透明质酸解聚，细胞间质溶解和组织通透性增大，除产生局部肿胀、疼痛等症状外，还促使蛇毒毒素更易于经淋巴管和毛细血管吸收进入血液循环，进而出现全身中毒症状。蛋白水解酶可损害血管和组织，同时释放组胺、5-羟色胺、肾上腺素等多种血管活性物质；心脏毒素（或称为膜毒素、肌肉毒素、眼镜蛇胺等）引起细胞破坏，组织坏死，轻者局部肿胀，皮肤软组织坏死，严重者出现大片坏死，可深达肌肉筋膜和骨膜，导致患肢残废，还可直接引起心肌损害，甚至心肌细胞变性坏死。

（3）临床表现

①无毒蛇临床表现：无毒蛇咬伤部位可见两排小锯齿状的牙痕，伴有轻微的疼痛和（或）出血，数分钟出血可自行停止，疼痛渐渐消失，局部无明显肿胀、坏死。全身症状不明显，可表现为轻度头晕、恶心、心悸、乏力等，部分患者也会出现全身过敏表现。

②有毒蛇的临床表现：有毒蛇咬伤依据蛇毒种类不同，临床表现也各不相同。按蛇毒的毒素类型，临床表现可分为以下4类。

a．血液毒的表现：此类蛇毒成分复杂，包含出血毒素、凝血毒素以及抗凝血毒素，具有多方面的毒性作用，主要累及心血管系统、血液系统以及泌尿系统。局部表现为咬伤创口出血不止，肢体肿胀，皮下出血，有瘀斑，并可出现血疱、水疱，伤口剧痛难忍。全身表现为各部位出血，如鼻腔、牙龈、尿道、消化道出血，甚至颅内可出现出血；血管内溶血时有黄疸、酱油样尿，严重者出现急性肾功能衰竭；合并DIC时除全身出血外，还会出现皮肤潮冷、口渴、脉速、血压下降等休克表现。

b．神经毒的表现：神经毒表现为咬伤创口发麻，疼痛不明显，无明显渗出，常常被忽视。早期症状轻微，1～4h后可出现头晕、恶心、呕吐、流涎、视物模糊、眼睑下垂、语言不清、肢体软瘫、张口与吞咽困难，引起呼吸肌麻痹，最终可导致急性呼吸衰竭甚至自主呼吸停止。

c．细胞毒的表现：细胞毒可导致肢体肿胀、溃烂、坏死，可继发心肌损害、横纹肌溶解、急性肾损伤，甚至导致多器官功能障碍综合征（Multiple Organ Dysfunction Syndrome，MODS）。

d．混合毒的表现：混合毒可表现出2种及2种以上毒素引起的症状，如眼镜王蛇咬伤以神经毒素表现为主，合并细胞毒素表现；五步蛇咬伤以血液毒素和细胞毒素表现为主。

常见毒蛇咬伤引起的症状如下。

a．眼镜蛇咬伤症状：伤口麻木、流血，周围感觉过敏，常有大小水泡，易形成溃疡。咬后1~2h出现心慌、无力、嗜睡、上眼下垂、瞳孔缩小、胸闷、恶心、呕吐、腹痛、腹泻等症状。严重的可发生呼吸困难、四肢抽搐等症状。

b．眼镜王蛇咬伤症状：症状与眼镜蛇咬伤基本相同，但因该蛇个体大，注入人体内的毒液多，症状程度更严重。

c．金环蛇咬伤症状：伤口麻木肿胀，伴有疼痛，伤口附近局部皮肤呈荔枝皮样，还可能出现头痛、头昏、嗜睡、视物模糊、关节肌肉疼痛等症状。

d．银环蛇咬伤症状：伤口麻木，不肿胀，仅有轻度疼痛。被咬几小时后可出现头晕、眼花、耳鸣、嗜睡、呼吸困难、肌肉麻痹甚至瘫痪等症状。

e．五步蛇咬伤症状：伤口异常疼痛，流血不止，局部严重肿胀，出现许多水泡或血泡，严重者发生坏死，皮肤出现瘀斑，有呕血、便血、尿血等症状，易发生休克。

f．竹叶青咬伤症状：症状与五步蛇相似，但伤口一般有烧灼痛感，全身症状比较轻。

g．烙铁头咬伤症状：症状与五步蛇咬伤相同，但常伴有头晕、恶心呕吐、视物不清、意识蒙眬等症状。

h．蝮蛇咬伤症状：伤口周围皮下瘀血，水肿，疼痛明显，逐渐向肢体上部蔓延甚至到躯干，常有水泡，但流血少。咬伤后即可出现头晕、眼花症状，逐渐出现复视、上眼睑下垂。严重者有嗜睡，肌肉痛，张口困难，呼吸困难、急促，甚至麻痹、心慌、有血红蛋白尿、尿少或无尿等症状。

i．蜂蛇咬伤症状：伤口剧烈疼痛，有瘀斑；咬伤4~5h后可出现尿血、便血、口鼻出血，严重者全身瘫痪。

（4）实验室检查

①血常规：可见白细胞结果增高，中性粒细胞结果升高，核左移；出血过多或溶血时红细胞减少，血红蛋白下降；出现VICC时可伴血小板减少。一般来说，不同类型的蛇毒有不同的表现，银环蛇血常规可没变化，含血液毒可引起血小板下降。其中，五步蛇及圆斑蝰蛇可能会引起血小板严重下降。

②凝血功能：可出现凝血时间（CT）、凝血酶原时间（PT）、活化部分凝血活酶时间（APTT）、纤维蛋白原（Fib）、D-二聚体、抗凝血酶和"FDP"

试验等结果异常，有助于血液毒素中毒的诊断。血栓弹力图有助于评估蛇毒对出凝血影响程度。

③血生化检查：毒蛇咬伤可出现转氨酶、胆红素、肌酐升高，有助于判断毒蛇咬伤的严重程度。

④有条件可以使用酶联免疫吸附检测法（ELISA）、质谱、色谱等方法明确相关蛇毒情况。

（5）蛇咬伤的严重程度分级

蛇咬伤严重程度判断有多种方法，各种评估方法各有优劣。这里仅介绍一种适用于急诊医师接诊和临床判断的蛇咬伤严重程度简易评估方法（表6-1）。

表6-1 蛇咬伤严重程度及临床表现

| 严重程度 | 临床表现 |
| --- | --- |
| 无中毒 | 仅有牙痕（"干咬"） |
| 轻度中毒 | 仅有局部的表现，如疼痛、瘀血、非进行性的肿胀 |
| 中度中毒 | 肿胀进行性地发展，有全身症状和体征，实验室检查结果异常 |
| 重度中毒 | 意识改变，呼吸窘迫，血流动力学不稳定/休克等 |

6.1.1.5 诊断与鉴别诊断

（1）诊断

蛇咬伤诊断主要依据蛇咬伤病史及相应的临床表现。病史询问的重点是蛇咬伤的时间、地点、症状和体征。可以根据发病地域，患者捕捉到、拍摄到的蛇的照片或已看见蛇并能通过图谱进行辨认，判断蛇种类。结合患者临床症状、体征及实验室检查结果等判断病情严重程度。

（2）无毒蛇咬伤与毒蛇咬伤的鉴别

无毒蛇咬伤牙痕一般呈弧形两排排列或是浅小密集的锯齿状，且个数较多，以局部症状为主，症状轻微，多数无明显全身症状。

毒蛇咬伤局部可见两颗较大呈".."分布的毒牙咬痕，亦有呈"：："形；除毒牙痕外，还出现副毒牙痕迹的分布形状。伤口多有剧痛难忍或麻木感，有出血不止等症状，咬伤肢体短时间内可出现肿胀、瘀斑、血疱、水疱，甚至出现骨筋膜室综合征、组织坏死。蛇毒种类不同，全身表现各不相同。

#### 6.1.1.6 蛇咬伤救治

治疗要点是迅速破坏和清除局部毒液，减缓毒液吸收，早期足量使用抗蛇毒血清。

（1）现场自救

应立即脱离蛇咬伤环境，勿企图去捕捉或追打蛇，以免二次咬伤；尽量记住蛇头、蛇体、斑纹和颜色等特征，有条件者拍摄、留存致伤蛇的照片；保持冷静，避免慌张，减少伤肢活动；去除受伤部位的各种受限物品，以免后续的肿胀导致无法取出，加重局部损害；利用周围的清洁水源冲洗伤口；呼叫120，及早转送有条件的医院进行救治。

（2）院前急救处理

首先评估生命体征，对心搏骤停者应立即行胸外心脏按压，如果呼吸困难要尽快进行人工呼吸，尽早转运至有条件救治的医院进行进一步处置。

神经毒毒蛇咬伤肢体可采用绷带加压固定，对于咬伤部位也可使用加压垫法处理，但避免压迫过紧、时间过长导致肢体因缺血而坏死。绷带加压固定方法：立即在伤口上方向心端用止血带或布条绳子结扎，阻止毒素蔓延到其他部位。结扎的松紧程度把握，以阻断淋巴管和静脉血流，不妨碍动脉供血为好，这样伤口周围形成淤血区便于吮吸。结扎要在被蛇咬后立即进行，越快越好。被咬后30min再做结扎处理已经没有什么作用。有条件可用冰敷伤部，减慢毒素的吸收速度。结扎后，每隔15min应松开结扎带1~2min，以防局部缺血，待作彻底排毒以后方可解除扎带。

蛇咬伤早期要进行清洗扩创，可采用生理盐水、过氧化氢反复冲洗创口以破坏、中和毒素。神经毒毒蛇咬伤可早期沿牙痕纵行切开排毒，并辅予负压拔罐吸出毒素，尽早清除仍有毒性的蛇毒。切开伤口时，先用消毒过的小刀将残留的毒牙除去，将牙痕间的皮肤切开使之出血，但流血不止的伤口禁止切开。注意掌握切口深浅，太浅毒液不能排出，切得太深又可能伤及神经肌腱，造成二次伤害，也可用针在伤口周围扎些小孔，使血液和组织液从中流出，组织液中排出的毒素要比血中排出的多。不提倡用嘴直接吮吸毒液，因口中常有小块黏膜破损，不易察觉，用口吮吸毒液有可能中毒。可用拔火罐的方法吸出毒液。在没有火罐或可替代的器具的条件下，用手从躯干或四肢的近心端从上往下挤压，边挤边用盐水或清水冲洗伤口，直到流出的血液变成正常鲜红色为止。

若有条件，可将利多卡因或普鲁卡因注射液以生理盐水稀释为0.25%～0.5%浓度溶液，用此稀释液溶解胰蛋白酶（浓度为5000单位/mL）或糜蛋白酶（浓度为800单位/mL）后。以牙痕为中心，在伤口周围作浸润注射或在肿胀部位上方做环状封闭，每次使用胰蛋白酶5万～10万单位，或糜蛋白酶8000～16000单位。

为了抑制蛇毒的作用，做完上述处理后要尽快在伤口敷上专用蛇药。若未携带蛇药，可就近采集七叶一枝花、半边莲等草药服用及外敷。

七叶一枝花，又名重楼，生长于山林树荫下和山沟边，百合科多年生草本植物，叶多为7片，顶生1朵花为黄绿色。用其根茎磨汁外涂伤口，同时将70g根茎研碎内服。

半边莲，生长在河边、田坎等潮湿地方，茎细软，匍匐地面或直立，每节着地生根，叶互生，叶边有稀疏锯齿，开淡红色或紫红色的半边花。用全草10g煎服，鲜草捣碎后外敷于伤口周围。

鸭跖草，又名竹叶菜、兰花草，一年生草本植物。叶子像竹叶，花蓝色，生长于潮湿的山沟、溪边。节上生根；茎的下部匍匐于地面，上部直立；叶互生。鲜草捣烂敷伤口，全草煎服。

白花蛇舌草，又名蛇总管，一年生草本植物。生长在潮湿地上。茎细而有纵棱，叶线形，对生。花白色，单生或二朵同生于叶腋中。全草煎服或外敷。

徐长卿，又名一支香、寮竹，多年生草本植物。生长于山坡草丛中，根多而呈粗线状。叶呈针形，对生。夏季末枝梢叶腋开黄绿色花，果实成长角形状。全草煎服或捣烂敷于伤口周围。

毒蛇咬伤野外常见药还有江南星蕨、蛇莓、地不容、紫花地丁、草血竭、酢浆草、仙人掌、木芙蓉、地桃花、叶下珠、南蛇藤、云南青风藤、漆、青荚叶、杏叶茴芹、兔耳一支箭、过路黄、琉璃草、山珊瑚等。

做完固定结扎、清洗扩创、排毒、敷药后，由同行人员背着或用简易担架抬着尽快送往最近医院就医。野外最好采用背负的形式，既便于快速送医，也能减缓蛇毒向心脏的流动。患者坚决不能自己行走，防止行走后血流加速导致残存的蛇毒扩散速度加快。到达医院后，要将蛇的种类或特征、紧急处理的方法、用药情况详细描述给医生，以便医生采取相应措施进行治疗。

（3）院内救治

①使用院内快速救治通道：为蛇咬伤患者开通绿色通道，尽早使用抗蛇毒血清，可以提高患者救治效果，建议蛇咬伤高发地区医院急诊科配备该地区常见毒蛇的抗蛇毒血清。

②抗蛇毒血清使用：抗蛇毒血清免疫球蛋白（抗蛇毒血清）是治疗毒蛇咬伤的唯一切实有效的药物，抗蛇毒血清的使用主要遵守三项原则：早期用药、同种专一、异种联合。

a．抗蛇毒血清使用指征：明确毒蛇咬伤和疑似诊断为毒蛇咬伤并伴有以下至少一项中毒表现的患者需使用抗蛇毒血清。中毒表现为：咬伤48h内局部肿胀超过咬伤肢体一半；肿胀快速进展；咬伤后毒素回流，淋巴结肿痛；出凝血障碍、血小板减少，有全身脏器、器官自发性出血等凝血功能障碍表现，有上睑下垂、眼外肌麻痹、瞳孔散大等神经系统中毒表现，有少尿或无尿、肌酐升高等急性肾损伤或肾衰竭表现，有肌痛、高钾血症等横纹肌溶解表现，出现低血压、休克、心律失常、异常心电图等。

b．抗蛇毒血清用量：抗蛇毒血清的用量决定主要根据病情和临床经验做出的。对于轻症毒蛇咬伤患者，起始抗蛇毒血清用量上使用常规剂量，而致命性的毒蛇咬伤，起始剂量可翻倍，或者考虑异种血清联合使用，根据临床症状、体征、实验室检查等调整用量。若中毒症状无明显缓解，甚至有症状持续加重者，可按首次使用剂量重复多次用药。儿童患者或者体瘦弱者，使用剂量应与成人的剂量相同；妊娠期的患者使用抗蛇毒血清需加强监测。

c．抗蛇毒血清反应：使用抗蛇毒血清治疗前，需进行皮试，皮试阳性者，可采用脱敏治疗法。使用抗蛇毒血清时，需密切关注毒蛇咬伤患者的症状体征变化情况，如出现抗蛇毒血清治疗的不良反应，适当减慢滴速，必要时加用抗过敏药物，可以降低过敏性休克的发生率。

③咬伤创面处理：常规消毒创口，可在咬伤处纵向扩大消毒伤口皮肤，以利蛇毒排出。对血液类毒毒蛇咬伤谨慎扩创伤口，以防出血不止，可在输注抗蛇毒血清后，凝血功能改善或者血小板上升后再行扩创。有创面坏死，可在清创后予生长因子、湿润烧伤膏及创面敷料外敷，促进创面肉芽组织生长；重症

肿胀患者，输注抗蛇毒血清及新鲜血浆的同时，行扩创甚至骨筋膜室切开减压治疗。创口下组织坏死，形成蛇伤溃疡，可反复多次清创，清除坏死感染的肉芽组织，予负压封闭引流术（Vacuum Sealing Drainage，VSD）负压吸引，促进创面肉芽组织生长，后期再进行皮肤移植或者皮瓣移植。

④使用糖皮质激素：早期使用糖皮质激素可减轻蛇毒引起的炎症反应、溶血反应和过敏反应。

⑤破伤风的预防：破伤风预防参照国家卫生健康委发布的《非新生儿破伤风诊疗规范（2019年版）》。

⑥并发症治疗：毒蛇咬伤后，患者若发生急性肾损伤、心力衰竭、休克、DIC、心肌损害、继发感染等并发症，应立即处理；如出现急性肾功能衰竭、MODS，可尽早使用血液净化等治疗。

a．骨筋膜室综合征：凝血功能异常，谨慎切开，内科保守治疗无效，骨筋膜室压力仍进行性升高时，早期的切开减张和VSD可有效减轻组织压力，减少肌肉坏死。

b．VICC：尽早足量使用抗蛇毒血清可有效纠正VICC，如使用抗蛇毒血清后，3~9h后复查凝血功能无改善，说明用量不足，可再次追加抗蛇毒血清；必要时可输注新鲜冰冻血浆。冷沉淀以改善凝血功能；行血栓弹力图检查评估血小板功能，同时准备或输注血小板。

c．急性呼吸衰竭：多见于神经毒类毒蛇咬伤，患者呼吸肌麻痹，可出现呼吸困难、发绀等缺氧表现。早期识别，及时予吸氧，必要时气管插管，机械通气，同时可根据肌力情况重复使用抗银环蛇毒血清，有助于早期的恢复。

d．中医中药治疗：中医将蛇伤分为风毒（神经毒）、火毒（血循毒）、风火毒（混合毒）。"蛇毒不泄，毒邪内结"是中医对毒蛇咬伤病机的基本认识，所以中医对蛇毒的总体治疗原则是"通利二便，清热解毒"，并根据具体临床表现，合理、变通地运用清热、解毒、祛风、开窍、止血凉血、泻下等方法，季德胜蛇药是目前常用的中成药。辩证使用中医中药和民族医药治疗，可改善毒蛇咬伤的治疗效果。

e．抗感染治疗：对于局部坏死，伤口有脓性分泌物或者脓肿形成的情况，应使用抗生素，同时及时根据创面细菌培养结果针对性使用抗生素。

f. 康复治疗：蛇咬伤患者早期应进行个体化的分级康复锻炼，对其及时开展针对性的健康教育和饮食指导，实施多学科合作诊疗模式可以有效促进咬伤肢体功能康复和创面愈合，减轻患肢不适症状，有效缩短患者治疗时间，改善肢体功能，提高生活质量。

### 6.1.2 毒蜂蜇伤防范

山地森林中生活着各种蜂类，特别是热带森林地区，蜂的种类更为丰富。蜜蜂、黄蜂、马蜂、胡蜂的尾部有毒刺，受到惊扰后会蜇人，对人造成伤害。蜜蜂的毒刺末端有倒钩，蜇人后，毒刺不能缩回，常把毒刺连同毒腺一同留在刺伤处，蜇人的蜜蜂不久死去。马蜂、胡蜂蜇人后，毒刺缩回，可以继续蜇人。

蜂毒中含有蚁酸、组织胺、溶血毒素及神经毒素等，可使蜇伤处局部红肿，凝血时间延长，并伴有沿神经的放射性疼痛。不同种类的蜂毒，毒性不一样，蜜蜂毒性较小，黄蜂、马蜂、胡蜂等毒性较强。蜂蜇人一般几小时后症状即可减缓，2~3d后消失。但是如果多处受蜇，有可能出现全身症状，如头晕、恶心、发热、烦躁不安等。遭遇大量毒蜂攻击，有可能导致生命危险。近年来中国各地已有多起被蜂蜇致人死亡的报告。对蜂毒过敏的特异体质者，轻微蜇伤即可能发生休克，甚至危及生命。

野外考察中应注意避免被蜂蜇伤。引起蜂蜇的原因多是不慎触动蜂窝，或挡住蜂的飞行路线。蜂巢多在树枝上、树洞里或石洞中，在林中行走时不要触动蜂窝，也不要用手或帽子挥打在自己面前飞翔的游蜂。万一碰到蜂窝，惊扰蜂群飞起，应立即蹲下，用衣服或其他厚布将身体包裹遮盖，保护好头部。千万不可乱跑，乱拍打，待蜂群归巢安静后再行动。

黄蜂、胡蜂蜇人后不会在人体的皮肤内留下刺针；蜜蜂蜇人后，刺针会留在人体皮肤内，并带有毒腺。被蜜蜂蜇伤，先小心用镊子把刺拔除，去刺针时注意不要挤压毒腺，以免更多的毒液注入皮内。然后用5%~10%的碳酸氢钠溶液或3%的氨水或肥皂水洗涤伤口。若暂时找不到这些药品，可在蜇伤处涂抹唾液以中和毒素。若是被黄蜂蜇伤，可用醋酸或食用醋处理伤口。伤口周围外涂蛇药，或将新鲜的蒲公英、紫花地丁、七叶一枝花、半边莲、青苔、夏枯草等草药洗净捣烂外敷。同时，注意多喝水，加快体内毒素排泄。为防止继发感染，可口服抗生素。对于被蜂蜇的部位，宿营时避免烤火，否则会因烤火受热，蜂毒顺毛细血管循环扩散，导致患处更加肿胀、疼痛。

对蜂毒有轻度过敏者可口服抗组织胺剂，也可用盐酸苯海拉明脱敏。严重过敏者需注射肾上腺素。蜂毒过敏者应尽快送医院治疗。

### 6.1.3 毒蛾幼虫蜇伤防范

自然界中分布的毒蛾种类达数百种之多，它们的幼虫身上多含有毒腺和毒毛。这些毒毛毛腔中充满毒液，触及人的皮肤时，毒毛尖端刺入人体皮肤折断，毒液从毛腔注入人体，引起红肿中毒。毒蛾幼虫颜色有的很鲜艳，有的很平淡，但都有毒毛或毒刺，容易识别。野外在地形陡峭的森林中活动时，若需抓握树枝帮助保持身体平衡，先要看清树干或树枝处有没有毒蛾幼虫，避免被其蜇伤。

被毒蛾幼虫蜇伤后，皮肤上经常粘满毒毛或细细的毒刺，清除起来十分费事。此时不要用手乱抓、乱挠，可借助放大镜，用瑞士军刀上所带的小镊子逐根拔出毒毛，也可用氧化锌胶布、透明胶带粘贴在患处，然后将胶带撕离皮肤。将毒毛和毒刺清除干净后，可在伤处涂上抗敏药膏。

### 6.1.4 毒蛛咬伤防范

所有的蜘蛛都有毒腺，蜘蛛通过螯爪将毒液注入猎物体内。普通蜘蛛分泌的毒液对人无害，仅对小动物有致死作用。少数毒蜘蛛对人危害较大，例如分布在海南岛的红斑毒蛛（俗称黑寡妇）毒液含有神经毒蛋白，可使中毒者运动神经中枢麻痹，甚至引起死亡；分布在新疆和内蒙古的穴居狼蛛的毒性很强烈，人、畜被咬后有可能导致生命危险。

被有毒蜘蛛咬伤后，处理方式与处理毒蛇咬伤的方式相同，先在伤口近心端结扎，经扩创排毒处理，在伤口周围3cm处外敷蛇药或捣烂的半边莲、七叶一枝花等草药，再送医院治疗。

### 6.1.5 蝎子刺伤防范

蝎子尾部末梢有毒刺和毒腺，被蝎子尾部毒刺刺伤后，被刺处大片红肿，有剧痛，还可出现寒战、发热、恶心、呕吐、昏迷等症状，以及舌和口部肌肉僵直，张口和说话困难。严重者可发生抽搐，胃部、肠部、肺部出血，危及生命。急救处理方法与毒蛇咬伤的相同，伤口切开后用肥皂水或清水冲洗，或以3%氨水、1%的高锰酸钾溶液洗涤。患处用治疗毒蛇咬伤的草药外敷，然后尽快前往医院治疗。

### 6.1.6 蜈蚣咬伤防范

蜈蚣最前面的一对足末端有利爪，内有毒腺和毒液出口，人被蜇伤后，伤处有瘀点，红肿热痛，可能引发淋巴管炎和淋巴结炎。重症者有头痛、眩晕、呕吐、发热等症状，一般无生命危险。

被蜈蚣咬伤后，可用肥皂水、5%的氨水或苏打水洗涤伤口，用新鲜桑叶汁或等量雄黄与枯矾研末，以浓茶或白酒调匀敷伤处。若带有蛇药，用蛇药涂抹患处，同时口服抗生素以防感染。无上述药物时，可用旱烟油或新鲜的蒲公英捣碎敷在患处。

## 6.2 吸血动物叮咬防范

### 6.2.1 蚂蟥叮咬防范

#### 6.2.1.1 蚂蟥种类及习性

蚂蟥分为山蛭、水蛭及寄生蛭3类。山蛭俗称山蚂蟥或旱蚂蟥，体长1～5cm，背部暗黄色，有黑色条纹，栖息于阴暗潮湿的丛林及林边草地。中国长江流域，西南、华南地区以及海南岛的山区森林大量分布。山蛭喜潮湿，怕光，在春、夏、初秋等季节雨后十分活跃，通常在草上、地面或灌丛上爬行。山蛭后吸盘固定于某处，前端向上，左右摇摆探测人体的方向。行人经过时，因温度、气味以及行走时空气振荡和光线改变，山蛭能察觉行人接近，以较快的速度爬行到人体上吸血。山蛭前吸盘吸住人体皮肤后可造成真空，口腔内的腭片状细齿磨破皮肤，形成"Y"形切口，同时唾液分泌一种蛭素，使血液不凝固，伤口流血不止，可以不断吸血。小的山蛭吸血量能达自身体重的10～12倍，约0.25g；中等大小的山蛭可吸血达其体重的6倍，约1.4g；大的山蛭吸血量可达自身体重的4倍，约2g。山蛭吸血时间为0.5h～2h，吸饱血后会自动脱落。被山蛭叮咬若不处理，伤口流血时间可超过1h，并伴有痒感，容易感染。山蛭叮咬虽然不传播疾病，也不会致命，但它吸食人血使被咬者体力衰弱，伤口流血不止。

水蛭俗称水蚂蟥，栖息于沼泽、溪流、池塘处，身长5～20cm，平时常隐伏于近岸边的水草丛中。水蚂蟥能根据人下水后搅动水体发出的水波响声，迅速游近，吸附在人的皮肤上吸血，吸饱血后，一般自动脱落，但伤口流血可持续数小时。

寄生蛭分布于云南、台湾山间小溪中。幼体仅5mm左右，呈灰白色，一般肉眼很难看到。人体或者其他动物入水时，寄生蛭可趁机钻入其鼻黏膜，寄生几年而不脱落，因而会引起鼻腔经常流血，出现头痛、无力、呼吸不畅等症状，也会寄生在上呼吸道、食管、尿道等部位。

#### 6.2.1.2 蚂蟥咬伤防范及处理

为防止山蚂蟥叮咬，在森林活动时应穿厚布缝制的防蚂蟥袜，裤脚扎入袜内，系紧袜口，使蚂蟥不易侵入。在腿部打上绑腿，也能有效防止山蚂蟥侵袭。将灭害灵、风油精喷洒在裤管和鞋、袜上，对山蚂蟥有较好的驱避作用。用浓盐水喷洒这些部位，也有驱避效果。在潮湿的森林里行走，要经常喷洒，以免药性变弱或盐分变稀起不到驱避作用。

野外活动中要随时注意皮肤上是否有异物，休息时经常检查身上有无山蚂蟥叮咬吸附，发现后及时除去。发现山蚂蟥已叮在皮肤上不要紧张，可采取猛击一掌的方法使蚂蟥脱落，也可用小滴风油精滴在蚂蟥身上，或往蚂蟥身体上撒盐，迫使蚂蟥脱落。不要用手硬拉叮在皮肤上的蚂蟥，蚂蟥的吸盘内有许多锐利角质齿，硬拉易使伤口扩大。

蚂蟥吸血的伤口通常流血不止，先用淡盐水清洗伤口，再用手指将伤口紧压数分钟，可将血止住。若伤口流血不止，可用炭灰研末敷于伤口止血，或用嫩竹叶捣烂后敷上。

野外宿营应选择干燥的和杂草较少的地点，将宿营处附近的青草割去，并喷洒灭害灵或煤油等驱避剂，进帐篷前仔细检查衣裤鞋袜上有无蚂蟥。

经过有水蛭的河流、溪沟时，可先在一处用木棍击水引诱水蚂蟥前往，而人则在另一处过河，涉水时应扎紧裤腿。

对寄生蛭的防范是尽量喝烧开的水，或者喝用过滤器处理过的水。必须要喝生水时，要仔细检查水中是否有寄生蛭。

### 6.2.2 蚊子叮咬防范

由于蚊子没毒，人们对它们的叮咬比较轻视。但在某些特殊情况下，大量蚊子叮咬会导致严重后果。第二次世界大战期间，美国飞行员迫降在新几内亚沼泽地不能行动，被众多蚊子叮咬导致肝肾器官衰竭，幸而救援人员及时发现将其救回基地。蚊子吸血使人体衰弱，还传播疟疾等热带传染病，因此对蚊子叮咬千万不可掉以轻心。

为避免蚊子叮咬，可在皮肤上涂驱蚊剂。驱蚊剂分为油剂与水剂两种。油剂作用时间较长，涂用一次能维持几小时，水剂维持时间稍短。也可以戴防蚊帽避免蚊子叮咬脸部。防蚊帽形状与养蜂人用的防蜂蜇人的帽子相似。军用防蚊帽可在销售军用被服或野外用品的商店购买。夜间露营如无其他办法防蚊，生几堆篝火，用烟熏驱赶蚊子效果较好。被蚊子叮咬后，尽量不要用手抓患处，在患处涂上清凉油或风油精，每天涂抹3～5次即可。

### 6.2.3 蜱虫叮咬防范

蜱虫的外形与蜘蛛相似，别名马鹿虱、鹿子虱、竹虱子、草爬子，专门附在人或动物的皮肤上吸食血液。有些蜱虫带有病毒，能传播疾病。

目前尚无有效的化学驱避剂对付蜱。野外活动防蜱主要是靠扎紧衣袖裤管，防止蜱钻入体表，但这样的措施防范效果非常有限。在森林中休息，不要靠在树干上或坐在枯枝落叶上，以免藏匿在这些地方的蜱爬进衣裤内。应先清理出一块干净的地方，再坐下休息。

无论休息或活动，随时注意观察自己皮肤上有无异物蠕动或叮咬，一旦察觉有异常，马上检查。发现蜱已叮在皮肤上，不要慌张，抓住蜱的腹部轻轻往外拉。如果刚刚叮上，反复拉几次，有可能将蜱拔掉。如果叮了较长时间，蜱的头部进入皮肤后，前端螯肢的倒钩已经钩在皮肤内，容易拉断，可将螯肢留在皮肤内。蜱的螯肢细小，不易察觉，留在皮肤里会引起反复发炎。云南山区有些群众被蜱咬后，患处经常红肿化脓，就是将蜱的螯肢拉断留在皮肤内造成的。他们误认为被蜱虫咬了要痛很长时间。对于在皮肤上叮咬了很长时间的蜱，要拉一下，放一下，反反复复，轻轻地往外拉，直到把蜱完整地拉出来为止。如果将蜱的螯肢和假头拉断，留在皮肤里，应用消过毒的手术刀片把伤口略微扩大，用镊子或针把蜱的假头和螯肢弄出来，然后用碘酒或碘伏、酒精对创口进行消毒。

## 6.3 大型动物伤害防范

目前，人们在山野森林中受到凶猛动物或大型动物袭击的案例不多，即使在野生动物较多的20世纪中期，美国有关机构统计了第二次世界大战期间，降落在西南太平洋一带的1000名幸存飞行员与动物遭遇的情况，有4人遇到了大象，2人受到攻击，1人受伤；7人遇到老虎，人与虎都受了惊，其中1人面对面与老虎相遇，向老虎开枪，虎受惊逃跑；6个人遇到鳄鱼，用木棍或石头在涉水之前向水中抛击，将鳄鱼惊跑；还有人遇到豹子、野水牛、野猪、熊等动物，但未发生伤亡。上述案例表明，在森林中遇到大型动物伤害的情况很少。近年来，大型动物数量急剧减少，人兽遇到的机会更少。即使人和野生动物相遇，动物通常怕人，一般不主动攻击人，攻击人也多属防御性。只有在特殊情况下，如十分饥饿、被人射伤或受到突然的恐吓，这些大型动物才会主动攻击人。

近年来，因为国家和地方对野生动物加强了保护，在一些特定地区，野生动物数量增多，导致黑熊、棕熊、亚洲象等攻击人致伤致死的事情时有发生，偶尔也有野牛、野猪对人发动攻击，导致伤残和死亡。最近10年，在云南，熊、亚洲象、野牛、野猪等野生动物致人伤亡事件逐年增多，野外工作要加强防范。野外考察，夜间为了防止大型动物伤害，可以生起火堆，因为大动物几乎都是怕火的。无法躲避时，可以制造特殊的声响，如使用体育比赛裁判用的口笛，吓唬动物。如有时间，可爬到树上躲避。

### 6.3.1 熊的伤害防范

#### 6.3.1.1 熊的种类与习性

中国有黑熊、棕熊及马来熊3种，黑熊广泛分布于全国各地，棕熊分布于青藏高原邻近地区，马来熊分布于云南热带森林。熊通常不主动攻击人，见人就跑，但熊是神经质动物，容易受到惊吓，如突然与人近距离相遇受到惊吓、吃食时被人干扰、被人打伤、带领幼崽的母熊与人突然相遇等情况下，熊经常会主动攻击人。

#### 6.3.1.2 野外主动避熊

①注意观察熊的活动痕迹。野外发现新鲜熊的抓痕、粪便、足迹，表明熊在附近活动或者刚离开，要特别注意观察周围。熊仔经常爬到树上躲避危险，

它们的母亲常常就在附近。在小路上看到新鲜的熊粪通向茂密灌丛，表明熊极有可能就藏在灌丛中，应该迅速离开或格外小心。熊的新鲜脚印表示熊刚经过此地。

②避开熊的食物与兽径。进行野外考察活动尽量避开熊的食物与兽径，如长满野果的植物、茂密的植被覆盖区域、溪流、森林与草地交界的林缘地。注意观察周围环境。如顺着小路沿河岸蜿蜒前进，走到灌丛茂密、结满浆果的地方，就要大声讲话，多讲话。进入小路拐弯之前应停下来，拍拍手，或者叫喊几声。在秋天和晚夏季节要格外注意，此时熊忙于进食，不会注意人的接近。做上述动作的目的，就是提前引起熊的注意，使其主动远离。

③远离动物尸体。除非动物尸体只剩下一堆白骨，否则常会有动物盯着它，把它视为自己的食物。黑熊经常会在动物尸体附近逗留，吃动物尸体。黑熊有保护自己食物的习性，若人在野外发现动物尸体，不要在尸体旁逗留观察，否则很可能遭到熊的攻击。

④避免夜间行走。动物考察有时需在夜间借助头灯观察动物，熊在夜间视力比人好。人夜间很难看清黑色的熊。若在熊经常出没的活动区域，尽量避免野外夜间行走。

⑤了解考察地区熊的情况。野外考察之前，向当地有关部门或群众了解拟考察地区熊的情况。若该区域熊的活动频繁，尽量在白天活动，避开清晨、黄昏时段。考察最好结伴而行，彼此可以互相照应，在行走过程中持续制造动静，发出声音，提醒藏在树林中的熊有人来了。野外露营要用双层塑料袋封装食物，并用绳子悬挂在熊够不着的高处，放食物的地方要距离帐篷有较远的距离。熊可以吃的垃圾也要用双层塑料袋封装，放在离帐篷较远的地方。

6.3.1.3 与熊相遇后的处置方法

①尽量在较远距离发现熊。野外与熊相遇，最好的情况是人熊双方在较远距离彼此发现对方，人主动采取避让方式躲避黑熊，做到井水不犯河水。人与熊在小路上较远距离相遇，通常熊会掉头跑掉，若它不跑，人要站住不动，保持安静。

②用正常平静的声音与熊谈话。对熊说你想说的任何事情，没有证据表明熊能听懂人语，但这样可以让自己保持镇静。"嘿，你好。熊，很抱歉打扰

你，我们会马上离开。"

③不做可能惹麻烦的动作。不要做任何企图接近熊的举动，也不要掏出照相机拍照，不要做任何突然迅速的动作。不要向熊提供任何食物。避免与熊眼睛对视。很多动物都把互相对视看成是挑衅侵犯行为。

④绝对不要逃跑。逃跑是扣动动物追赶猎物这一扳机的诱发器，这种行为告诉熊，逃跑的动物怕它，刺激熊的攻击行为。牢牢记住：熊奔跑时速可达56km，人在短距离内根本跑不过熊。

⑤不要爬树。熊可以在不到30s的时间内爬上30m高的大树。人爬树的速度远远低于熊爬树的速度，而且爬树完全不能摆脱熊的攻击。

⑥不要装死。熊类专家认为通过装死应对北美灰熊攻击可能有效，但对黑熊不起作用。

⑦慢慢后退离开。人熊相遇对峙，先让熊看清你是人，慢慢地摇动胳膊，嘴里自言自语，不停讲话。如果熊仍然站着不动，让自己贴近山的内侧，使自己看起来大一些，然后慢慢后退，随时准备停下来。如果后退让熊变得更加愤怒，暂时别动，等熊稍微安静后，再慢慢后退。恐吓、驱赶、与熊对视或接近熊都可能促使熊进入高度警惕和准备攻击状态，因为这会使它认为，除了打退对手，没有其他选择。后退300~500m开外，然后迅速转身离开。

#### 6.3.1.4 遭遇熊攻击的处置

如果熊距离很近并发动攻击，应迅速俯卧在地，注意用手保护头部和眼睛，以减少头部损害。尽量与熊搏斗，万一与熊相遇而不能避开遭到攻击，被攻击者为保护自己，竭力与熊搏斗，最后把熊赶走。使用手边任何可以找到的东西，如砍刀、石头、棍子、相机包、水壶等，对准熊的鼻梁和眼睛等部位用力打击。如果经常在有熊出没的野外考察，最好购买并随身携带专用防熊催泪瓦斯喷雾器，遭到攻击时用来对付熊，赢得逃跑时间。

## 6.4 森林火灾躲避

在荒野和森林中从事科学考察，要随时对森林火灾保持高度警惕，注意处理好篝火、烟蒂等物，避免引发森林火灾。在某些特定季节，雷击可能导致发生森林火灾，其他人用火不慎也会导致森林火灾。一旦遇到不可扑救的林火，要尽快跑到安全的地方。山火燃烧的规律总是火随风势，避火要逆风跑。穿过火场时最好能用湿毛巾捂住口、鼻。一般而言，火总是向山顶烧，遇到林火应往山下方向跑，寻找林中空旷安全的地方。遇到无法逃避的森林大火，可在自己身边点一圈环形火，让火向外燃烧，将附近的可燃物烧掉，等大火来时，已无物可烧，就相对安全了。

## 6.5 雷击防范

春夏季节在野外考察，遭遇雷暴恶劣天气，可能遇上闪电雷击。闪电击中地面时会释放强大电流，此时若闪电直接击中人体，电流经人体流入地下，为直接雷击。闪电虽未击中人体，但由于接触雷击物或与雷击物较近，一部分电流经过人体，为间接雷击。间接雷击造成的伤亡程度往往比直接雷击大。

被雷击伤害，轻者可在皮肤上留有树枝状、条状、带状痕迹，数日后变为褐色，可逐渐恢复正常。重者除有雷击纹外，还会发生树枝状表皮剥脱或皮肉出血，严重时引起心跳停止而死亡。野外活动预防雷击，或遇到雷暴雨天气，应按以下原则处理。

①不穿尼龙、腈纶、的确良之类的化纤衣物，这类衣物是良导体，极易遭雷击，同时要尽量保持衣服干燥。

②不要到高大树木或孤树下避雨，不要站在空旷地带，不要在开阔水面上停留。

③若找不到可靠的避雷场所，使身体位置尽量降低，同时尽量减少身体与地面的接触，采取蹲在地上的姿势最好。

④寻找可靠的避雷场所，如装有避雷装置的建筑物、钢筋混凝土建筑物、有金属车厢的车辆。

⑤雷电特别容易击中岩石断层处、较大的岩体裂隙、露出地面的岩层河岸、地下泉水出口、埋藏管道的地面出口等，雷雨天遇到此类地形，要迅速离开。

被雷电击中者只要抢救及时，生还的概率较高。一旦有人被雷电击中，应立刻进行人工呼吸和胸外心脏按压,并用手揿鼻唇沟的人中、十个手指尖的十宣、位于脚板心的涌泉等穴位,待被救者有心跳和呼吸后,再送医院治疗。

## 6.6 山洪与泥石流防范

雨季从事野外科学考察,容易遭遇山洪暴发或泥石流两种自然灾害。为防范山洪和泥石流,雨季野外科学考察,营地绝对不能设在河边和山涧溪流岸边,而应该设在洪水泥石流不能到达的高地。野外科学考察尽量避开雨季,如果必须在雨季考察,而考察进入的是山箐、沟谷、溪涧、河流等容易遭遇水淹的特殊地形中,则应随时关注天气变化,在下雨之前转移到安全地带。若考察中听到上游方向有特殊水响声,水流突然浑浊,夹带树枝、枯叶,则表明上游已有洪水下泄,应立即快速跑向两岸高处,找安全的地方避险。

泥石流通常发生在山区地形陡峭,坡度大,植被稀疏、土质疏松的特殊地形。一旦发生泥石流,则会经常发生,泥石流的痕迹容易辨认。在容易发生泥石流的地区考察,对可能发生泥石流的地点要高度警惕,在下大雨之前,停止考察,提前转移到安全地区。泥石流发生后,顺山沟下泄有特殊的响声,野外突然遭遇泥石流,尽快向沟谷两侧安全地方转移。有时泥石流阻断道路,而考察者必须从泥石流上经过,最好先等上一段时间,待泥石流中的水流走,泥沙石头变得相对坚硬,再沿泥石流的边缘行进,特别难行的淤泥地段,可以砍树枝铺垫其上后,踩着树枝行走。

# 第 7 章
# 野外常见伤病和外伤应急救护

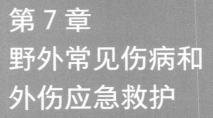

野外考察时可能发生意外和外伤，需要熟悉、掌握一些基本的外伤知识和急救处理方法。本章讲述野外常见伤病和外伤应急救护基本知识。

## 7.1 常见外伤症状及处理

### 7.1.1 疲劳过度

疲劳过度主要症状为口渴、食欲不振、脸色苍白、呼吸困难、出冷汗、浑身软弱无力等。发觉疲劳过度，应及时停下，原地休息，给疲劳者进食糖果或热茶，使其躺平休息，用热水洗澡，按摩身体，轻柔拍打四肢肌肉部位等，要保持足够的睡眠时间。

### 7.1.2 肌肉疼痛

野外运动量过大而造成的肌肉疲劳，其症状为肌肉僵硬，一触即痛。可用热敷、按摩、温水洗浴、反复拍打四肢肌肉群等方法使肌肉放松，促使肌肉间隙乳酸及时入血代谢。适当减少工作量或运动量，休息2～3d后，即会逐渐好转。若肌肉疼痛持续加重，或见茶色尿，需考虑横纹肌溶解可能，应尽快就医。

### 7.1.3 鼻出血

鼻出血时，先用清洁柔软的卫生纸卷或脱脂棉球塞住鼻孔（尽量填入鼻腔深处），然后用毛巾浸凉水或者使用冰袋敷前额和后颈，把头向后仰，休息一阵，待鼻血不流后再活动。

#### 7.1.4 异物迷眼

异物进入眼睛后，为保护角膜，不要用手揉眼睛，应用清水持续冲洗，或请同伴帮助把眼皮翻开，用嘴将异物吹出，或用棉球蘸水将异物洗去。全程动作均应轻柔。

#### 7.1.5 脚擦伤

野外活动的脚擦伤主要是由于鞋不合脚。脚磨伤后出现表皮缺损要先消除造成磨伤的原因，伤处用清水冲洗，常用0.5%碘伏涂抹消毒患处。如已起泡，最好不要刺破，用0.5%碘伏消毒后，涂上凡士林，再用绷带包扎。脚掌起泡，洗脚消毒后，用消过毒的针从水泡最低处边缘刺破，排空水泡内液体后，将泡皮自然覆盖在创面上。

#### 7.1.6 挫伤

因钝物或重物打击造成的皮下组织受伤叫挫伤。轻者局部皮肤青肿，伤处软组织轻微肿胀，可见青紫肿胀，有轻微疼痛感。重者多为肌肉挫伤，组织内出血，血液聚集形成血肿，受伤处疼痛感加重，肿胀明显并有瘀血斑。挫伤早期（72h之内）应尽量多冷敷，后期（72h之后）可以用热毛巾或热水袋局部热敷，注意不要冻伤或烫伤皮肤。抬高患肢有助于消肿和恢复。患处若无开放性伤口，可使用云南白药气雾剂等消肿化瘀。严重者前往医院就诊。若有开放性伤口，现场给予加压包扎止血之后根据伤口大小、深度及污染情况，选择到医院进行清创缝合或者定期换药处理，予以抗炎防止伤口感染，并且正确预防破伤风。

#### 7.1.7 扭伤

扭伤是野外科学考察常见的关节部位的一种外伤，野外活动时以足跖、踝关节、膝关节的扭伤较为常见，腰和腕也时常发生。扭伤后会导致局部软组织损伤，韧带拉伤，严重者甚至骨折，表现为疼痛，青紫肿胀，关节无法活动。因此早期（72h之前）冷敷，后期（72h之后）热敷，局部固定和制动损伤关节。对症予以镇痛、消肿、活血化瘀等治疗。必要时前往医院就诊。

#### 7.1.8 韧带撕裂

受到严重外伤可导致韧带撕裂，症状为患处局部疼痛剧烈，周围软组织肿胀，受伤时可听到韧带断裂的响声，因疼痛加重不能继续运动或工作，关节处出现肿胀，压痛和局部青紫积血，处于强迫体位，伸直或屈曲。现场应给予局部双夹板绷带固定和制动关节，转送就近医院检查和治疗。常规做磁共振检查，若韧带撕裂程度较轻，可予以保守治疗，用石膏或护具固定3～4周。若韧带断裂较重，则需住院，手术治疗。

### 7.1.9 关节脱位

常见关节脱位常发生于肩关节、肘关节、踝关节，膝关节脱位较少见。关节脱位症状表现为局部疼痛剧烈，肿胀，关节活动不能，触摸关节部位有空虚感。一般脱臼，并且有急救经验人员的，可试着牵拉放松肌肉后手法复位。若与内部韧带损伤、骨折同时发生，则不要轻易尝试复位，应用夹板、绷带固定关节，及时送医院治疗。

### 7.1.10 刺伤

小而硬质的刺伤可先消毒后拔出刺入物，伤口出血直接压迫3～5min即可止血。止血后用碘伏擦拭消毒，用无菌敷料包扎，保持局部干燥，定期换药，避免伤口感染。大的刺伤，应先仔细观察是否刺破大血管或内脏器官，不要急于拔出刺入物，防止造成大出血，并且用绷带局部固定刺入物紧急送入医院治疗。

### 7.1.11 烧烫伤

野外烧烫伤一般以生明火烧伤和被蒸汽烫伤为主，较常见，应当做好相应防护措施，并掌握简单烧烫伤处理治疗常识。

烧伤深度的判定一般采用三度四分法，即将烧伤深度分为Ⅰ度、浅Ⅱ度、深Ⅱ度、Ⅲ度。一般将Ⅰ度和浅Ⅱ度烧伤称浅度烧伤，深Ⅱ度和Ⅲ度烧伤称为深度烧伤。

Ⅰ度烧伤仅伤及表皮浅层，生发层健在。表面红斑状、干燥，有烧灼感。再生能力强，3～7d脱屑痊愈，短期内可有色素沉着。

浅Ⅱ度烧伤伤及表皮的生发层和真皮乳头层。局部红肿明显，有大小不一的水疱形成，内含淡黄色澄清液体，水疱皮如剥脱，创面红润、潮湿，疼痛明显。创面靠残存的表皮生发层和皮肤附件（汗腺、毛囊）的上皮再生修复，如无感染，创面可于1～2周内愈合，一般不留癫痕，但可有色素沉着。

深Ⅱ度烧伤伤及真皮乳头层以下，但仍残留部分网状层，深浅不尽一致，也可有水疱，但去疱皮后，创面微湿，红白相间，痛觉较迟钝。由于真皮层内有残存的皮肤附件，创面修复可依赖其上皮增殖形成上皮小岛，如无感染，可通过上皮小岛扩展融合修复，需3~4周，但常有瘢痕增生。

Ⅲ度烧伤又称为焦痂型烧伤。全层皮肤烧伤，可深达肌肉甚至骨骼、内脏器官等。创面蜡白或焦黄，甚至炭化。硬如皮革，干燥，无渗液，发凉，针刺和拔毛无痛觉。可见粗大栓塞的树枝状血管网（真皮下血管丛栓塞）。由于皮肤及其附件全部被毁，3~4周后焦痂脱落形成肉芽创面，创面修复有赖于植皮，较小创面也可由创缘健康皮肤上皮。

（1）现场急救、转送与初期处理

现场急救、转送现场抢救应尽快去除致伤原因，脱离现场和对危及生命的情况采取新治措施。

①迅速去除致伤原因包括尽快扑灭火焰、脱去着火或沸液浸渍的衣服。劝止伤员衣服着火时站立或奔跑呼叫，以防增加头面部烧伤或吸入性损伤；迅速离开密闭和通风不良的现场；及时冷疗能防止热力继续作用于创面使其加深，并可减轻疼痛、减少渗出和水肿，越早，效果越好。一般适用于中小面积烧伤特别是四肢烧伤。方法是将烧伤创面在自来水下淋洗或浸入水中（水温一般为15℃、20℃），或用冷水浸湿的毛巾、纱垫等敷于创面。一般至冷疗停止后不再有剧痛为止，多需0.5~1h。

②注意有无心跳及呼吸停止、复合伤，对于大出血、窒息、开放性气胸、骨折、严重中毒等危及病人生命的情况应先施行相应的急救处理。

③妥善保护创面。在现场附近，创面只求不再污染，不再损伤。因此，可用干净敷料或布类保护，或行简单包扎后送医院处理。避免用有色药物涂抹，增加对烧伤深度判定的困难。

④保持呼吸道通畅。火焰烧伤常伴烟雾、热力等吸入性损伤，应注意保持呼吸道通畅。CO中毒者应移至通风处，有条件者应吸入氧气。

⑤其他救治措施：严重口渴、烦躁不安者常提示休克严重，应迅速建立静脉通道，加快输液，现场不具备输液条件者，可口服含盐饮料，以防单纯大量饮水发生水中毒。转送路程较远者，应留置导尿管，观察尿量。安慰和鼓励病人，使其情绪稳定。疼痛剧烈可酌情使用地西泮、替啶（度冷丁）等。已有休

克者，需经静脉用药，但应注意避免抑制呼吸中枢。

⑥转送。严重大面积烧伤早期应避免长途转送。烧伤面积较大者，如不能在伤后1～2h内送到附近医院，应在原单位积极抗休克治疗或加作气管切开，待休克被控制后再转送。必须转送者应建立静脉输液通道，途中继续输液，保证呼吸道通畅，途中最好有医护人员陪同。

（2）创面处置

①轻度烧伤创面处置主要为创面处理，包括清洁创周健康皮肤，创面可用1：1000苯扎溴铵或1：2000氯己定清洗，移除异物，浅Ⅱ度水疱皮应予保留，水疱大者，可用消毒空针抽去水疱液。深度烧伤的水疱皮应予清除。如果用包扎疗法，内层用油质纱布，外层用吸水敷料均匀包扎，包扎范围应超过创周5cm。面、颈与会阴部烧伤不适合包扎处置，则予以暴露疗法。疼痛较明显者，给予镇静止痛剂，口服或静脉补液，如无禁忌，可酌情进食。使用抗生素和破伤风抗毒素。

②中、重度烧伤应按下列程序处理：简要了解受伤史后，记录血压、脉搏、吸入性损伤及其他合并伤，严重吸入性损伤应及早行气管切开；立即建立静脉输液通道，按照补液公式输液防治休克；留置导尿管，观察每小时尿量、比重、pH，并注意有无血红蛋白尿；清创，估算烧伤面积和深度。

### 7.1.12 晕厥

造成晕厥的原因很多，摔伤、劳累过度、饥饿过度都会导致晕厥。表现为脸色突然苍白，脉搏微弱而缓慢，失去知觉。先让患者平躺，头部稍低，两脚抬高，以改善脑部血液供应。同时解松患者领口和腰带。如在室内，打开窗户让空气流通。待患者苏醒后，喝些热水和食用含糖量高的食物。

### 7.1.13 中暑

中暑是指人体在高温环境下，由于水和电解质丢失过多、散热功能障碍，引起的热损伤性疾病，以中枢神经系统和心血管系统功能障碍为主要表现，可导致永久性脑损伤、肾衰竭，是一种危及生命的急症，可导致死亡。

#### 7.1.13.1 中暑的分类

中暑包括轻症的热水肿、热晕厥以及重症的热痉挛、热衰竭和热射病等。一般所指的中暑主要是热痉挛、热衰竭和热射病3种类型。

（1）中暑的病因

①气象因素：高气温、高湿度、高辐射强度、低气压、低风速。

②非气象因素：劳动强度越大，劳动时间越长，代谢热越多而无足够防暑降温措施；老年、体弱、疲劳、肥胖、饮酒、饥饿、脱水、失盐者；穿不透气或紧身衣裤伴发热者；患有高血压、冠心病、肺心病、糖尿病、甲亢、先天性汗腺缺乏或广泛皮肤烧伤或损伤者；服用阿托品类抗胆碱药物影响汗腺分泌者。以上均可成为中暑的基础因素或诱因。

#### 7.1.13.2 中暑的发病机制

（1）人体产热与散热的调节

正常情况下，机体体温一般恒定在37℃，在下丘脑体温调节中枢的调节下，机体的产热与散热维持相对平衡。机体的产热主要来自体内的氧化代谢过程，而散热主要依靠辐射、蒸发、对流和传导，从而维持体温的相对恒定。

（2）不同类型的中暑对人体的影响

①热射病：热射病主要是由于人体受环境高温影响和体内热量不能通过正常的生理性散热以达到热平衡，致使体内热蓄积，引起体温升高；或在烈日曝晒下，强烈的日光穿透头部皮肤及颅骨引起颅内温度升高导致脑细胞受损，伤害的主要是头部，故也称日射病。热射病在临床上分为劳力性和非劳力性2种类型。劳力性热射病主要是在高温环境下内源性产热过多引起的；非劳力性热射病主要是在高温环境下体温调节功能障碍引起散热减少所致。

②热痉挛：高温环境中，人的散热主要依赖出汗。一般认为1个工作日的最高生理限度的出汗量为6L，但在高温环境中，劳动者的出汗量可在10L以上。由于汗中含有钠盐，因此大量出汗使水和钠盐过多丢失，引起肌肉痉挛及疼痛。这就是热痉挛的发生机制。

③热衰竭：热衰竭的发病机制是人体对热环境不适应引起周围血管扩张、循环血量不足而发生晕厥。热衰竭亦可伴有过多的出汗、失水和失盐。

#### 7.1.13.3 中暑的临床表现

根据临床表现的轻重程度，中暑分为以下3种。

①先兆中暑：有口渴、乏力、多汗、头晕、目眩、耳鸣、头痛、恶心、胸闷、心悸、注意力不集中等表现，体温可正常或略高，不超过38℃。

②轻症中暑：早期循环功能紊乱，包括面色潮红、苍白、烦躁不安、表情淡漠、恶心呕吐、大汗淋漓、皮肤湿冷、脉搏细数、血压偏低、心率加快、体温轻度升高。

③重症中暑：有痉挛、惊厥、昏迷等神经系统表现，或高热，或休克等。

7.1.13.4　重症中暑的临床分型

①热痉挛：可以是热射病的早期表现，常发生于高温环境下，强体力作业或运动时。出汗后水和电解质大量丢失，仅补充水或低张液，形成低钠、低氯血症，出现四肢、腹部、背部的肌肉痉挛和疼痛，常发生于腓肠肌，呈对称性和阵发性，也可出现肠痉挛性剧痛。患者意识清楚，体温一般正常。横纹肌溶解症是一种非常罕见的并发症，多由长时间的肌肉痉挛引起。

②热衰竭：由于高热引起脱水、电解质紊乱、外周血管扩张、周围循环容量不足等休克征象，表现为头晕、头痛、恶心、呕吐、脸色苍白、皮肤湿冷、大汗淋漓、呼吸增快、脉搏细数、心律失常、晕厥、肌痉挛、血压下降等。体温正常或略高，一般不超过40℃。病情轻而短暂者称为热晕厥，可发展为热射病。

③热射病：是中暑最严重的类型，也称中暑高热。在高温、高湿或强烈的太阳照射环境中作业或运动数小时（劳力性热射病），或老年、体弱、有慢性疾病患者在高温和通风不良环境中维持数日（非劳力性/经典型热射病），热应激机制失代偿，使中心体温骤升，导致中枢神经系统和循环系统功能障碍。患者出现高热、无汗、意识障碍，体温超过40.5℃。可出现皮肤干燥、灼热、谵妄、昏迷、抽搐、呼吸急促、心动过速、瞳孔缩小、脑膜刺激征等表现，严重者出现休克、心力衰竭、脑水肿、ARDS、急性肾损伤、DIC、多器官功能衰竭（MOF）甚至死亡。

7.1.13.5　中暑的辅助检查

白细胞总数增加，中性粒细胞增多，血小板减少，凝血功能异常，尿常规异常，转氨酶、肌酐和尿素、血乳酸脱氢酶（LDH）和肌酸激酶（CK）水平升高，血液浓缩，电解质紊乱，呼吸性和代谢性酸中毒，心电图改变多样。疑颅内出血时，可作CT、MRI或脑脊液检查。

7.1.13.6　中暑的诊断

在高温、高湿环境下，重体力作业或剧烈运动过程中或之后出现相应的临床表现即可诊断。

#### 7.1.13.7　先兆中暑与轻症中暑的治疗

立即将患者转移到阴凉通风处或电风扇下,最好移至空调室,以增加辐射散热,褪去衣物,给予清凉含盐饮料,体温高者给予冷敷。必要时可静脉滴注5%葡萄糖注射液1000～2000mL,密切观察直至恢复。

#### 7.1.13.8　重症中暑的治疗原则

生命支持,包括呼吸、循环支持,必要时给予机械通气。及时采取降温措施,通风,应用电风扇以及冰敷,可选择颈部和腋窝以及腹股沟等部位冰敷。

体外降温:为了使患者的高温迅速降低,可将患者除头部外浸没在4℃水浴中,并按摩四肢皮肤,使皮肤血管扩张和加速血液循环,促进散热。也可在头部、腋窝、腹股沟处放置冰袋,并用电扇吹风,加速散热。在物理降温过程中,必须随时观察和记录肛温,待肛温降至38.5℃时,应立即停止降温,将患者转移到室温在25℃以下的环境中继续密切观察。有条件者可使用冰帽和降温毯等。

在中暑前期积极救治的同时,需要立即联系就近医院并将中暑者迅速转送医院继续抢救。

## 7.2　意外损伤应急处理

### 7.2.1　骨折

在野外科考工作,时常会因为不同地势或者意外情况出现跌倒或者高坠,发生严重外伤,甚至骨折。骨折的典型症状是有剧烈疼痛感,局部软组织肿胀明显,也可能外观畸形,触压痛明显,患肢不能正常活动。没有皮肤伤口的骨折为闭合性骨折;皮肤有开放性伤口,皮下组织及肌肉有破裂,甚至骨折断端从伤口中露出可见,称开放性骨折。

一旦发生骨折,先设法止住开放性骨折造成的出血。出血少,可用干净的纱布包扎伤口即可。若出血较多,出血部位在四肢,须在肢体靠近心端扎上止血带,每15min后放松1min,直至血止。其他部位则可用手指压住伤口动脉的近心端,阻断出血来源,可达到暂时止血效果。

固定术是针对骨折的急救措施,对骨折部位尽早进行临时固定,可以有效防止因骨折断端的移位而损伤血管、神经等组织,减轻伤员痛苦。实施骨折固定要注意伤员的全身状况,如心脏停搏要先进行心肺复苏处理;如有休克要先抗休克或同时处理休克;如有大出血要先止血包扎,然后固定。急救固定的目的不是骨折复位,而是防止骨折断端的移动,所以刺出伤口的骨折端不应该送回。固定时动作要轻巧,固定要牢靠,松紧要适度,皮肤与夹板之间要垫适量的软物,尤其是对于夹板两端骨突出处和空隙部位更要注意,以防局部受压引起缺血坏死。

固定材料有木制夹板、钢丝夹板、充气夹板、负压气垫、塑料夹板及其他材料如特制的颈部固定器、股骨骨折的托马固定架和紧急时就地取材的竹棒、木棍、树枝等。

几种常见骨折固定方法如下所述。

① 锁骨骨折:将 2 条 4 指宽的带状三角巾分别环绕两侧肩关节,在背部打结;再分别将三角巾的底角拉紧,在两肩过度后张的情况下,在背部将底角拉紧打结。

② 肱骨骨折:用 2 条三角巾和 1 块夹板先将伤肢固定,然后用 1 块燕尾式三角巾中间悬吊前臂,使两底角向上绕颈部后打结,最后用 1 条带状三角巾分别经胸背于健侧腋下打结。

③ 肘关节骨折:当肘关节弯曲时,用 2 条带状三角巾和 1 块夹板把关节固定。当肘关节伸直时,可用卷绷带和 1 块三角巾把肘关节固定。

④ 手指指骨骨折:利用直的树枝或短筷子作小夹板,另用 2 片胶布做黏合固定。若无固定棒棍,可以把伤指黏合固定在健肢手指上。

⑤ 股骨骨折:用 1 块长夹板(长度为伤员的腋下至足跟长)放在伤肢外侧,另用 1 块短夹板(长度为会阴至足跟长)放在伤肢内侧,至少用 4 条带状三角巾,分别在腋下、腰部、股根部及膝部环绕伤肢包扎固定,注意在关节突出部位要放软垫。若无夹板,可以用带状三角巾或绷带把伤肢固定在健侧肢体上。

### 7.2.2 头外伤

因外力冲击头部,导致头部损伤。轻者感觉头晕、恶心、呕吐,重者有意识障碍,甚至昏迷。如果发现患者耳鼻流血,血压、脉搏、呼吸、体温出现明显改变,应立即安排患者躺下休息,头部应稍高于心脏平面。对于无颅内出血的患者，可敷冷毛巾或冰袋，待其恢复知觉后方可移动。持续观察病情变化，症状加重需立即送医行头颅CT检查。

### 7.2.3 食物中毒处理

食物中毒因食品变质或误吃有毒食物所致，表现为恶心、呕吐、腹泻、胃痛、心脏衰弱等。出现食物中毒症状，首先清除毒物，可快速喝大量的水，用筷子、手指接触咽部引起呕吐，然后口服蓖麻油清肠，再吃活性炭等解毒药。多喝水，也可以喝些糖水和浓茶，加速排泄，同时注意脚部保暖。最后要尽快送至医院治疗。

## 7.3 溺水急救

从水中拖出溺水者应从后侧接近，抓住其头发或腋下将其拖上岸。按下列顺序施救。

①清除口、鼻、喉中的脏物，使舌头伸平。

②将溺水者腹部按在抢救者膝上，使其头部向下，按压其背部，使其胃和气管里的水从口中流出为止。

③进行人工呼吸，促使其恢复知觉。

④若溺水者心跳已停止，应立即作胸外心脏按压。

⑤待其恢复知觉后，使其多穿些衣服保暖，喝些浓茶或热糖水，转送医院进一步检查和治疗。

## 7.4 高山反应

在海拔3000m以上的高山活动，在最初进入高山的几天内，无其他原因出现头晕、头痛、心慌、气短、恶心、呕吐、失眠及食欲减退等症状，则可能是高山反应。高山反应分急性和慢性两类。急性高山反应有下列几种类型。

①高山生理反应。未经适应性锻炼的人快速进入海拔4000m以上的高原或高山，出现头昏、头痛、心跳加快等症状，严重者出现食欲减退、恶心、呕吐、

失眠、疲乏、口唇发干、面部浮肿等症状，为高山生理反应，一般在 2 周内即可适应，症状自行消失。

②高山肺水肿。在高山生理反应基础上，少数人发生剧烈头痛、气喘、胸闷、胸痛等，严重者口鼻涌出血色泡沫痰，唇及指甲发绀，神志不清。高山肺水肿患者早期体温并无明显增高。

③高山昏迷。在高山反应基础上，个别人到达海拔4000m以上高度，发绀明显，呼吸急促，反应迟钝，嗜睡，逐渐失去知觉，最后昏迷。

若计划去高海拔地区进行科学考察和野外活动，事先应做全面体检。行前做好适应环境的训练。不要一次直接抵达海拔4000m高度，应该在海拔2000m、3000m分别停留几天，实行阶梯式上升。初到高山，减少运动量，注意防冻保暖，尽量避免发生上呼吸道急性感染。少吃多餐，特别是晚餐不要太饱，食物要营养丰富，容易消化，含有较多维生素，禁止饮酒。

对于高山急性反应的后两种情况，要及早发现，及时治疗处理。主要是大量吸氧，配合药物治疗。病情稳定后，迅速转移到低海拔地区。

## 7.5 低温症

低温症常出现在寒区，但在正常登山过程中，以下几种情况也可能出现低温症：一是由于体内出汗，浸湿贴身衣裤，可能出现低温症；二是遇突降大雨或过河时，淋湿衣裤导致低温症；三是意外遇险装备丢失，无法生火，夜晚极低温度中会出现低温症。

第一种情形要快速将浸湿的贴身衣裤换成干的；第二种情形在过河前根据河水的深浅做选择，河水低于膝关节的可采用脱鞋卷裤脚过河，河水到膝关节以上的要采用脱裤脱鞋过河，上岸后迅速穿上以保证身体不失温，能生火的情况快速生火烤半个小时后再走；第三种情形，要不停活动手脚，跑跳，再累也要坚持到天亮，通过自身的发热来提供身体所需温度，此时千万不能坐下，更不能躺下。

## 7.6 常用急救方法

### 7.6.1 止血

出血因受损血管不同分为动脉出血、静脉出血及毛细血管出血 3 种。动脉出血，血色鲜红，血流急速涌出或喷出，甚至像喷泉一样射出，危险性大。静脉出血，血色暗红，血液不停地流出，危险性较动脉出血为小。毛细血管出血，血色鲜红，血液从整个创面渗出，可通过血液凝固和血管壁闭合而停止出血，危险性极小。

出血可分为外出血和内出血。开放性损伤血管破裂，血液流出体外称为外出血；闭合性损伤血管或脏器破裂，血液流入组织间、脏器或体腔内称为内出血。外出血容易发现，内出血不容易早期发现，更有危险性。创伤时急性大出血，应争取时间迅速有效地止血，对挽救伤员生命具有非常重要的意义。

创伤出血的现场救护通常由"第一目击者"或救护人以及企业急救工作人员完成，是转向医院进一步治疗的基础，目的有以下几点。

①抢救、延长伤员生命：创伤伤员由于重要脏器损伤（心、脑、肺、肝、脾及颈部脊髓损伤）及大出血导致休克时，可出现呼吸、循环功能障碍。故在循环骤停时，现场救护要立即实施心肺复苏，维持生命，为医院进一步治疗赢得时间。

②减少出血，防止休克：严重创伤或大血管损伤出血量大。血是生命的源泉，现场救护要迅速用一切可能的方法止血（例如指压止血法、直接压迫止血法、加压包扎止血法、填塞止血法、加垫屈肢止血法、止血带法等），有效止血是现场救护的基本任务。

③保护伤口：开放性损伤的伤口要妥善包扎。保护伤口能预防和减少伤口污染，减少出血，保护深部组织免受进一步损伤。

④固定骨折部位：现场救护要用最简便有效的方法固定骨折部位。骨折固定能减少骨折端对神经、血管等组织结构的损伤，同时能缓解疼痛。颈椎骨折如予妥善固定，能防止搬运过程中脊髓的损伤，具有重要意义。

⑤防止并发症：现场救护过程中要注意防止脊髓损伤、止血带过紧造成缺

血坏死，胸外按压用力过猛造成肋骨骨折，以及骨折固定不当造成血管神经损伤及皮肤损伤等并发症。

⑥快速转运：用最短的时间将伤员安全地转运到就近医院。

### 7.6.2 人工呼吸

#### 7.6.2.1 口对口吹气法

使患者仰卧于硬的平面上，头部后仰，不垫枕头。检查患者口腔、咽部是否有食物、痰液、淤泥等物堵塞，如有，清除干净。然后将一块纱布或手绢覆盖在患者口部。救护人一手捏住患者鼻孔，深吸一口气后，将嘴对准患者张开的口，尽力将气吹入，然后用手压患者的胸部，使肺内废气呼出，反复进行，每分钟16～20次，直至患者恢复呼吸为止。

#### 7.6.2.2 引臂压胸法

使患者仰卧，腰背部垫高，救护者两腿跪在患者头前，面向患者，用手握住患者两臂近肘部向自己胸前拉，稍停一会儿，使胸部扩张吸入空气，再把两臂送回，放在患者胸前，并压迫患者胸部，使废气排出，反复进行。

#### 7.6.2.3 仰卧压胸法

使患者仰卧，腰部垫起，胸部抬高些。救护者骑跨在患者大腿旁，用手掌贴住患者两肋，两拇指朝向患者胸窝，其余四指向外上方伸开，向后上方压迫胸部，使废气从肺排出，然后松手，胸部自然扩张，使空气吸入，反复进行。

#### 7.6.2.4 俯卧压背法

让患者俯卧，脸侧向一边，一臂伸于头前，另一臂屈于头下。救护者骑跨在患者大腿上，操作与仰卧压胸法相似，不同之处是按压患者的背部进行人工呼吸。注意事项如下。

①救护者要迅速将患者安置在空气流通处，解开患者领扣、衣扣及裤带。若患者舌头后缩，可用手巾包住手指将舌头牵出口外，舌与牙之间垫纱布或手绢，使呼吸通畅。

②救护者做人工呼吸时，用力要均匀，不宜过猛，以防患者骨折。注意观察，若患者有微弱的自己的呼吸，人工呼吸应随其呼吸一致进行。

③患者自主呼吸后，应使其静卧，喝些热水。

### 7.6.3 体外心脏按压

先让患者仰卧在平地或硬板床上，按压部位应在胸骨下半段稍偏左，左乳房内侧处。救护者站在患者右侧以右手掌放在应按压的部位，左手掌压在右手掌上，双手掌用力向胸心窝部按压，然后马上放松。按压时用力要均匀。每分钟按压60～80次，直到心跳恢复为止。

心脏按压时，需同时注意患者的呼吸。通常按摩4次后，做一次口对口呼吸，如此轮换操作，直到患者心跳和呼吸恢复正常为止。

## 7.7 搬运伤患者

伤员经过现场初步急救处理后，在送往医院的过程中，必须经过搬运这一重要环节。搬运术的目的是使伤员及时、迅速、安全地被搬离事故现场，避免伤情加重，并迅速送往医院进一步救治。急救人员应考虑伤者伤势，必须在原地检伤、包扎止血及简单固定再搬运。

搬运伤患者有徒手搬运、就便器材搬运及担架搬运三种。搬运时需注意如下事项。

① 凡怀疑有脊柱、脊髓损伤者，搬运前先固定。搬动时将伤者身体以长轴方向拖动，不可以从侧面横向拖动。遇有脊柱、脊髓损伤或疑似损伤的伤员，不可任意搬运或扭曲其脊柱部。在确定性诊断治疗前，按脊柱损伤原则处理。搬运时，原则上应由2～4人同时进行，且用力均匀，动作一致。顺应伤员脊柱或躯干轴线，滚身移至硬担架上。切忌一人抱胸，另一人搬腿双人拉车式的搬运法，因为会造成脊柱的前屈，使脊椎骨进一步压缩而加重损伤。

② 遇有颈椎受伤的伤员，首先应注意不轻易改变其原有体位，如不能用坐位，马上让其躺下，应用颈托固定其颈部，如无颈托，则头部的左右两侧可用软枕或衣服等物固定，然后1人托住其头部，其余人协调一致用力将伤员平直地抬到担架上。搬运时注意用力一致，以防止因头部扭动和前屈而加重伤情。严密观察伤者生命体征，维持呼吸通畅，防止窒息，注意保暖。

③ 颅脑损伤者常有脑组织暴露和呼吸道不畅等表现。搬运时应使伤员取半仰卧位或侧卧位，易于保持呼吸道通畅；脑组织暴露者，应保护好其脑组织，

并用衣物、枕头等将伤员头部垫好，以减轻震动，注意颅脑损伤常合并颈椎损伤。

④胸部受伤者常伴有开放性血气胸，需包扎。搬运已封闭的气胸伤员，以座椅式搬运为宜，伤员取坐位或半卧位。有条件时最好使用坐式担架、折叠椅或担架调整至靠背状。

⑤腹部损伤的伤员取仰卧位，屈曲下肢，防止腹腔脏器受压而膨出。注意膨出的肠段要包扎，不要回纳，此类伤员宜用担架或木板搬运。

### 7.7.1 徒手搬运

徒手搬运方法为：扶行法，适用于清醒、无骨折、伤势不重、能自行行走的伤者；背负法，适用于老幼、体轻、清醒的伤者；拖行法，适用于体重体型较大的伤者，不能移动，现场又非常危险，需立即离开者，拖拉时不要弯曲或旋转伤员的颈部和背部；轿杠式，适用于清醒伤者；双人拉车式，适用于意识不清的患者。视具体情况可采用单人、双人或三人搬运。

#### 7.7.1.1 单人搬运

①扶持法。若患者还能走路，适用该法。救助者站在患者一侧，让患者一只手臂挽着自己的脖子，用手握着患者从肩上搭过来的手腕，另一手从患者的背后抱着他的腰，使其身体靠在自己身上，搀着患者前进。

②抱持法。救助人员一手托住患者的背，另一手托住患者的大腿，然后将其抱起。若患者仍有知觉，让其一手抱住救助者的脖子，更轻便些。

③背负法。救助者站在患者前面，让患者两手抱着自己的脖子，用自己的双手向后抱着患者的腿弯或臀部。患者如果失去知觉，救助者应躺在患者的一侧，一手抓紧患者的肩，另一手抱着患者的腿，用力翻身，将患者伏在救助者的肩背上，再慢慢站起来，以双臂勾住患者的两膝，并用双手从前握住患者的手。

#### 7.7.1.2 双人搬运

①椅托式：两人在患者两侧，三手相握作椅托，另一手臂作椅靠，使患者坐在相握的手上，让患者手分抱两人的脖子。

②轿杠式：两人对立，屈一膝跪下，各以右手握住自己的左腕，再以左手握住对方的右腕，搭成轿杠形，让患者坐上。

③拉车式：一人在患者头部，两手插在患者腋下；另一人站在患者两腿之间，用手握住患者两膝弯，两人同时慢慢把患者抬起，抬腿者在前，开左脚，

后面的人开右脚，快慢相同前进。

④平卧式托运：两人蹲在伤员的两侧，将伤员平卧托起，横步前进。

#### 7.7.1.3 三人搬运

三人并排单膝跪在伤员的同侧，轻轻将伤员平卧托起，紧抱在胸前，齐步前行，此法省力平稳。

### 7.7.2 就便器材搬运

#### 7.7.2.1 腰带背负搬运

将患者腰带与自己的腰带结成环形，套在患者臀部，或在环上穿一木棍让患者坐上，将环形带套在自己肩上，然后背上患者。或将两条腰带互结成环，并移至患者臀部。患者成坐势，让其两手搂住救助者脖子，救助者一手放在患者腰部，另一手放在大腿部，将患者抱起。

#### 7.7.2.2 木棒搬运

用一根结实的带子，摆成"8"字形，挂在肩上，并准备一根木棒，将患者扶起，驮在救护者背上，然后将木棒横在患者臀下，木棒两端套在"8"字带的两个套里，使患者坐在木棒上。

#### 7.7.2.3 木棒双人搬运

两人手握木棒，患者坐其上，两手扶着两侧救护人员的肩部。

### 7.7.3 担架搬运

担架搬运方便省力，适用于病情较重，不宜徒手搬运，又需要较远路途转送的伤员。四轮担架：可从现场平稳地推至救护车、救生艇、飞机舱或在医院内转接伤员。铲式担架：适用于脊柱损伤等不宜随意翻动、搬运的危重伤员。帆布折叠式担架：适用于一般伤员的搬运，不宜转运脊柱损伤的伤员。

使用担架搬动方法时急救人员2~4人一组，将伤者水平托起，平稳放在担架上，脚在前，头在后，以便观察。抬担架的步调、行动要一致，平稳前进，向高处抬时（如过台阶），前面的人要放低，后面的人要抬高，以使伤者保持在水平状态中；下台阶时则相反。

抬担架时注意事项为：担架员应边走边观察伤员生命体征，如神志、呼吸、脉搏，有病情变化，应立即停下实施抢救，先放脚，后放头；用汽车转运时，要固定好担架，防止车启动、刹车时碰伤。

若急救现场无现成担架，可用椅子、长凳、门板、毛毯、衣服做成简易担架，根据患者具体情况选用。

当担架和伤员总重量＞30kg时，应由2人提抬，并尽可能将其放在轮式担架上滚动，既可节省体力，又可减少受伤的机会。搬运者在提抬担架或伤员过程中，应用语言沟通并保持协调，尤其是当担架和伤员离地＜70cm开始提抬时要特别注意这一点。例如可同时叫"二、三，抬!"以保持协调。

将搬运者安全抬起的两种常用姿势。

①半蹲位：膝或股四头肌力弱的人可采用半蹲位抬起方式，因为以半蹲位，两膝呈部分弯曲。方法是将救护人员的双足放在舒适分开的距离上，然后背部及腹肌拉紧，将身体稍向前倾，重心分配到两脚中间或稍向后。当站立抬起时，也要保证背部位置稍向前倾，保持双足平稳。若重心向后仰超过足跟，就会造成不平衡。采用半蹲位抬起方式要求穿的鞋子合适，鞋跟不能过高，在整个提抬过程中应能使足跟保持平稳。

②全蹲位：有两种。一种是搬运者两腿均强壮，与半蹲位一样，全蹲位两腿呈分开适度的距离，除下蹲的程度与半蹲位不同外（膝关节弯曲90°），其他同半蹲位。另一种是搬运者有单足的足力稍弱或腿疼痛，此足的位置应稍向前，抬起时，重力要落在另一较强的腿上。

## 7.8 特别提醒

野外工作受伤了要注意收集现场影像资料，用作事后工伤保险报销的佐证材料。

# 第 8 章
# 野外遇险求生与救援

人类因为科学研究、军事行动、户外休闲等活动，在野外遇到各类难以预料的甚至不可抗拒的险情，如飞机坠落或迫降、船舶沉没、山野森林中迷失方向、人员生病受伤、食物短缺等情况，称为野外遇险。遇险人员为了保存生命所采取的呼叫救援、自救脱险或等待救援等活动称为野外遇险求生。

## 8.1 掌握野外遇险求生技能的意义

野外遇险和救援不仅会耗费政府和社会大量的人、财、物资源，给个人也会造成巨大的经济损失，更严重的是可致人员伤亡，造成无法挽回的损失。根据有关部门的统计，随着人类活动范围不断扩大，飞机坠落及迫降、船舶翻沉、野外迷路、断粮断水的野外遇险事故数量持续增加，其中，幸存并获救的人大多具有顽强的求生意志和丰富的野外求生经验，而缺乏求生意志及野外求生经验的遇险者因遇险而丧失性命的比例远远高于前者。学习掌握野外遇险求生知识和技能，是对自己生命负责，也是对自己的家庭和社会负责。

## 8.2 野外遇险求生成败的因素

人在野外遇险后能否生存下来，主要取决于所处环境恶劣程度、个人生存能力大小、所带装备优劣、营救速度及效率等因素。

同样条件下，环境越恶劣，对生存威胁就越大。例如在高温干旱的沙漠里，如无饮水，人只能生存2～3d；如果气温较低，活动又少，则可生存10d以上。

个人生存能力，包括生存意志、生存知识及体力状况等，对野外遇险求生成功与否起着非常重要的作用。而生存意志有时起着至关重要的作用，例如，墨西哥一位叫巴博洛的探矿工程师在美国亚利桑那沙漠迷路，当时沙漠白天气温达35℃，最低气温28℃，他只携带7.5L水，却在沙漠里生活了8d后获救。获救时严重脱水，皮肤皱缩，视觉听觉几乎丧失，但意识尚清楚，出人意料的是，他步行了160km并爬行了60km，最后被人发现救起脱险。巴博洛虽然不懂沙漠生存方法，但惊人的毅力使他幸免于难。有一些人本来能很快得到营救，但却因为失去生存信心而自杀，或者因神经错乱、行为不当而失去生命。有人统计分析在重大灾难面前的行为，发现仅12%～25%的人面对灾难能镇定自若，很快判明情况，作出明智的反应；另外，12%～25%的人会发生癔症样反应，表现为过度的兴奋或过度的抑制；而50%～70%的人则发生"心理性休克"，表现出神志恍惚。

知识就是力量，掌握更多的野外求生知识可大大提高野外遇险后的生存概率。若能在模拟条件下进行求生训练，不仅有助于培养野外工作人员顽强的生存意志，而且可以掌握更多野外生存知识，提高野外生存技能。有了事先的模拟体验，真正遇到险情时，就可避免发生惊慌，从容、正确处置遇险后的各种问题。

## 8.3 野外遇险所需生存知识和技能

野外遇险后能否成功脱险生还，取决于遇险者的知识和能力以及营救人员的能力和搜救效率。

从遇险者的角度来讲，其能否生还，取决于其两方面的能力。

一是对威胁生命安全主要因素的认识和所采取的防范措施。威胁生命的十大因素包括严寒、酷热、烈日辐射、缺氧、脱水、外伤、疾病、中毒、饥饿及动物伤害。

二是遇险者掌握主要生存技术的能力。这些生存技术包括急救、生火、呼救联络、隐蔽、找水、捕捉动物、采集植物、定向、行走、自卫等。如果事先有所准备，携带了野外求生的必要工具，则能大大提高野外遇险后处理食物和饮水等方面问题的生存能力。

野外遇险后，遇险者对环境和生理学了解越多，基本的急救知识掌握越多，能够熟练掌握定向定位知识，具有动植物猎捕采集技能以及坚定的信心和顽强的毅力，冷静自救脱险或等待救援，安全返回文明社会的概率就越大。

遇险求生的英文为"survival"，有人将该词8个字母拆开，每个字母代表遇险后应该采取的一个行动方式，作为野外遇险后的求生指导原则：

S（Size up the situation），迅速评估周围环境。

U（Undue haste makes waste），冷静从容思考下一步行动。

R（Remember where you are），搞清你身在何处。

V（Vanquish fear and panic），克服心理恐惧与惊慌。

I（Improvise），灵活运用周围资源或材料。

V（Value living），珍惜生命。

A（Act like the natives），像当地居民一样行动，获取资源。

L（Learn basic survival skill），牢记基本求生原则。

从救援者的角度来讲，快速高效的营救是救生成功的关键。第二次世界大战期间飞行员救援经验表明，受伤的飞行员24h后的获救存活率减少80%，未受伤的飞行员72h后获救存活率也明显下降。因此，野外救援前72h被称为营救的黄金时间。

## 8.4 不同环境遇险求生原则

中国的地域因气候类型可分为东南季风区、蒙新干旱区及青藏高寒区；若按气温和景观特点可分为沙漠、寒区、亚热带森林及热带丛林4个类型。

### 8.4.1 沙漠遇险求生原则

沙漠具有特殊的环境特征：一是雨量少，蒸发量大，空气极为干燥；二是气温日变化剧烈，夏季白天气温能达到40℃以上，沙面温度中午可达60～

80℃，夜间温度可降到10℃；三是风沙大，中国沙漠地区风沙频繁，大风天气较多；四是人烟稀少，行走困难，除沙漠边缘地区有少数居民外，沙漠中几乎渺无人烟，沙质疏松，行走困难。

在沙漠地带遇险后，为预防急性脱水，需按如下方式处置。第一是遮阴，尽量停留在自然阴影处，或利用手中材料搭建遮阴篷，减少出汗，不要直接坐在滚烫的沙地上。若能找到岩洞，在岩洞中躲避酷热效果更好。第二是穿好衣服，戴好帽子，避免身体和头部在太阳下暴晒，可减少身体水分蒸发。第三是减少体力活动，必要的工作放在夜间和阴天做，避免重体力劳动。一般情况下要就地等待救援。只有确定附近有居民点和安全区域，而且确有把握走到，或者断定无人前来救援的情况下，可步行自救。行动最好在清晨和黄昏，白天休息。如果能找到水，行走时尽量多带水。

### 8.4.2 寒区遇险求生原则

中国寒区通常指冬季的东北、华北或西北等地，由于东北属于季风气候区，其夏季气温较高，这段时间不具备寒区特点。寒区的特点是气温低，严寒长（长达4～6个月），寒潮多，温差大。冬季气温可达−50～−40℃。寒潮来时，气温骤降，风速加大。在寒区遇险后，特别要注意避免出现体温过低的低温症，所以要穿够衣服保暖。利用现地材料搭建临时帐篷、窝棚，或开挖地窝子，用雪做雪屋，收集柴火，燃烧篝火，轮流值班看火添柴。可以几人挤在一起睡觉以保暖。避免冻伤，尽量不要在风雪中行走，如果发现有冻伤，不要用雪团搓揉，而是将冻伤部位放在同伴怀里保温，如果有条件，用43℃温水浸泡，复温时间越快越好，能在5～7min内复温最好，最长不能超过20min，复温时间过长，容易引起并发病症。在雪地里注意避免出现雪盲，可以用黑布、木板或纸板制作简易的裂口护目镜，也可将眼睛下方和鼻子等部位涂黑。

### 8.4.3 热带丛林遇险求生原则

中国热带丛林主要指中国台湾、广东、广西、云南南部及海南岛北回归线以南地区。其环境特点第一是地形复杂，丛林与山脉相互依存，树木高大，竹藤交错，地形起伏，陡峭多变，溪流纵横，道路稀少。第二是热期长，气温高，日照强。热带丛林中夏季气温可达40℃，容易发生中暑。昼夜温差大，一般可在10～20℃。第三是雨水多，湿地大。雨季多阵雨和暴雨，溪谷河流的水位随雨量暴涨暴落，特别是春、夏时节，河流湍急，不易通过。冬季水流量小，河床露底，却常常巨石嶙峋，沿河行走极为不便。而且多数河床狭窄，用器材进行漂流的可能性小。第四是丛林中高温潮湿阴暗，适于蛇类、水蛭及各种有害昆虫的繁殖。蚊子多，一年四季均可传播疟疾等热带传染病。蜱和螨可传播恙虫病、钩端螺旋体病等。水蛭叮咬可吸走人体大量血液，并且伤口容易感染。毒蛇的数量比其他地区为多，因而被毒蛇咬伤的可能性也比其他地区大。第五是大型动物，如野象、熊、野牛、豹等动物可能伤害遇险者。此外，热带雨林植物茂密，藤萝密布，阴凉潮湿，很容易给人恐惧幽闭的心理压力。

在热带丛林遇险后，第一是防止中暑，要充分利用树荫，或尽快建造窝棚遮阳；第二是外出要戴太阳帽，或者用树枝编织遮阳帽，穿宽大吸汗的衣服减少太阳对身体的照射，任何时候不可将衣服丢弃，因为衣服不仅可防热，而且可用来防止划伤和昆虫叮咬；第三是尽量不要在高温潮湿的地方停留；第四是行走时尽量减少携带装备和物资；第五是行走尽量在清晨或傍晚，白天休息，第六是要经常用冷水擦洗身体，或用凉水浸湿毛巾包在头上降温。

## 8.5 野外遇险后呼救方式

遇险是非常危险的事情，遇险后正确发送呼救请求，及时与营救者取得联系，可以尽快帮助遇险者获救脱险。

### 8.5.1 电话

移动电话现在是很多人的基本通信工具，也是野外遇险后求救的最重要的通信工具。使用移动电话呼救时要注意节省电量，双方约定好联络开机时间。

在没有手机基站的野外开展科学考察，最好配备卫星无线电话，以便发生紧急情况后与单位和当地政府联系，请求救援。对于卫星无线电话，事先要检查电池电量，确保电话工作正常。

### 8.5.2 无线电

无线电对讲机、短波电台也是常用的通信联络工具。无线电对讲机因功率较小，通常只能在半径7～15km范围内通话，如果进入保护区核心区考察，距离保护区管理单位不远，可以相互约好使用无线电对讲机进行通信联络。

短波电台操作使用需要经过一定时间的培训，在边远地区也是常用的联络方式，去边远地区开展科学考察，可考虑携带短波电台，以备发生意外后与外界联络。

### 8.5.3 可视呼救信号

任何重复3次的行动都表示请求援助，如发出3声枪响，吹响3声口哨，挥舞3次衣服，发出3次亮光等。发出3次信号后，要间歇1min，再重复发出信号。

#### 8.5.3.1 烟火信号

3堆烟火、3堆烟雾表示求救，即大家熟悉的"SOS"。白天烟雾醒目，夜间火光清晰。点燃3堆火，制造3股浓烟，就是向外界发出求救信号。火堆和烟雾之间要保持20m的距离。

#### 8.5.3.2 灯光信号

国际通用的遇难求救灯光信号为1min发出6次灯光，每10s发送1次信号。6次信号送出后，停1min，再发出6次灯光，如此反复。对求救信号的应答信号发出方式为每分钟发出3次灯光信号，即每20s送1次信号，3次信号送完后，停1min再重复。

#### 8.5.3.3 反光信号

晴天用反光物体反射太阳光效果很好，反射的闪光通常不会和其他的光亮混淆，传送距离可达十几千米。用小镜子、铝箔、光亮的罐头盖作反光镜，向可能有搜救飞机出现或有搜救人员出现的方向，每隔一段时间就闪动数次。

#### 8.5.3.4 地面标记信号

在开阔的草地、雪地或荒漠，可制作地面标记求救。雪地上踩出呼救标记，将草割成一定形状，或用树枝、石块摆出呼救标志，以便飞机搜寻观察联系。获得营救时，要销毁留下的各种呼救信号，以避免离开后因信号继续发挥作用而引来其他不必要的援救。

## 8.6 自救脱险

若采取各种联络方法进行呼救，仍然无法联系到外界，不能把自己已在野外遇险，迫切需要救援的信息传送出去，最好的脱险计划就是自己运用野外生存知识，实施自救，努力脱险。

### 8.6.1　草拟自救行动方案

训练有素的野外工作者每次活动均会制定详细的行动路线，遇险后，他们会尽量靠近预定的路线行动；同时会设置清晰明确的信号，使人注意自己的位置和行进方向。未受过训练的人，野外脱险自救活动则不具备上述特征。

准备行动前，利用手头资料，弄清遇险地区的地理地貌以及可能有村庄、公路的方向和大概距离，画2份自救脱险行动路线草图。一份随身携带，方便对照检查；另一份留在遇险地点，以便救援人员到达后追踪搜救。行动草图可装在鲜艳醒目的塑料袋中并悬挂在树枝上，或用其他醒目易见的方法将其留在遇险处。

### 8.6.2　自救脱险行动

自救脱险离开遇险地点时，应在身后留下清晰的信号和信息，营救人员找到出事地点，就能获得相关信息，追寻遇险者的行踪。

沿途留下的信号要连续、醒目，表明行进方向。遇险者设置的信号指示，有助搜寻救援人员寻找遇险者的行动路径，让搜救人员了解遇险者目前位置和过去的位置。这些标记的另一个作用就是遇险者自己希望返回某处时，不至于再次迷路。方向指示标记可用树枝、石头、塑料带或打结的树枝、草来制作和表示。

如果确信会有空中搜救，这些信号要大得足以让飞机在空中容易观察。如果没有空中搜救，这些信号要让地面搜救人员容易发现和理解。

自救脱险行动中，如果离飞机航线更近，或在开阔空旷地带行走，更有机会获得救援人员注意。

在地形复杂、隐蔽地区，遇险者应选择显而易见，能引人注意的地形制作醒目标记。例如用岩石垒成圆锥形石堆或圆环，将鲜艳醒目的塑料袋悬挂在树枝上，袋中留下信息，让搜救人员容易观察发现。

# 第 9 章
# 法律法规及民族风俗知识

野外科学考察涉及很多法律法规，还有当地的民族风俗习惯需要掌握，掌握这些是科学考察人员野外工作基本素质。只要在野外工作就会发生与野生动植物保护、环境污染、森林防火等方面有关的联系，有的科学考察人员或自然爱好者，因为忽视法律、法规的学习，在野外发生破坏野生植物、乱捕野生动物、违反森林防火有关规定的行为而触犯法律、法规。在野外科学考察时，科考伦理同样很重要，尊重自然、保护自然的观念要牢记于心。野外工作地点很多是民族聚居区，各个民族有着自己的生活习俗，以及对待自然的传统认识。本章主要介绍相关法律、法规规定，尊重民族风俗、遵守科考伦理等知识。

## 9.1 遵守相关法律法规

进行科学考察，首先要了解考察区域是否属于自然保护地。在各类自然保护地中，自然保护区的考察要申请行政许可。一是《中华人民共和国自然保护区条例》第二十七条规定："禁止任何人进入自然保护区的核心区。因科学研究的需要，必须进入核心区从事科学研究观测、调查活动的，应当事先向自然保护区管理机构提交申请和活动计划，并经自然保护区管理机构批准；其中，进入国家级自然保护区核心区的，应当经省、自治区、直辖市人民政府有关自然保护区行政主管部门批准。"二是根据《中华人民共和国野生动物保护法》《中华人民共和国野生植物保护条例》，科学考察中涉及猎捕野生动物、采集国家重点保护野生植物，都要经过有关部门的批准。三是科学考察和野外活动要尊重自然，在不危及生命安全时，考察过程中不应干扰野生动物，不能对动物栖息地和植物生境造成破坏，比如破坏巢穴、带走鸟蛋、采挖植物等。四是考察过程中，要注重环境保护，在集中食宿的区域挖土坑，将易于分解的垃圾进行填埋处理，带走不能分解的塑料和固体垃圾。

## 9.2 重视森林、草原防火

森林、草原火灾是指火情失去人为控制，火在林地、草地内自由蔓延和扩展，给森林、草原生态系统和人类带来一定危害和损失的情况。它是一种突发性强、破坏性大、处置救助较为困难的自然灾害。中国对森林、草原火灾的管控十分严格，在森林、草原防火期（区），不能在野外用火，任何野外工作都不例外，且一定要管好火源。前章所述的篝火知识只能在非森林、草原防火期（区）运用。如果在森林、草原防火期（区）内发生火灾，一定要采取以下措施：一是及时通知当地森林防火部门，不能在思想上麻痹大意，对森林、草原火灾的危险性掉以轻心；二是第一时间勘查火场地形地貌及周边情况，认真梳理身边风险隐患，做到心中有数，并在第一时间转移或采取相应保护措施；三是在有把握扑灭火灾的情况下，一定尽力用树枝等就地打早打小，扑火过程中千万不能盲目迎火扑打，一旦火势超出扑打能力，用湿手巾捂住口鼻，逆火逃出。

## 9.3 借宿民居注意事项

野外工作有时因意外情况，可能会在野外工作地区的村民家中借宿。中国是一个多民族的国家，民族聚居地域广，各民族的衣食住行、婚丧嫁娶、禁忌避讳等风俗习惯各有特点，要对所到之处的民族风情进行了解，避免在入村后造成交往中的误解和误会。在我国，村一级的行政建制比较健全，进入村庄，无论食宿，最好先联系自然村的村主任或小组长。这些人因接受的教育多，经常与外来人员打交道，处理相关事情比较有经验。野外工作要尽量避免独自一人借宿远离村庄、单家独户的居民家中。如果野外工作需要借宿村庄，要在村子负责人的帮助下征得房主同意，还应主动出示证件，说明借宿原因。住宿时，无论是否在借宿地有过住宿经历，均要保持警惕，照看好自己的贵重物品。离开时，要根据吃住的具体情况和当地消费水平，给予房主必要的住宿费和伙食费，给予的数额最好比当地日常标准稍高。在民族地区考察或借宿，要自觉遵守其宗教习俗以及文化习惯。

# 主要参考书目

布莱克·伍德, 1999. 野外旅行完全实用手册. 陈喜辉, 喻滨, 译. 北京: 中国戏剧出版社.

约翰·怀斯曼, 1999. 生存手册. 李斌, 倪明, 译. 北京: 华文出版社.

陆惠良, 1984. 遇险生存. 北京: 人民军医出版社.

沈克尼, 陶京天, 1994. 野外生存. 北京: 解放军出版社.

赵玉沛, 陈孝平, 2015. 外科学·3版. 北京: 人民卫生出版社.

陈孝平, 汪建平, 赵继宗, 2018. 外科学·9版. 北京: 人民卫生出版社.

吴肇汉, 秦新裕, 丁强, 2017. 实用外科学·4版. 北京: 人民卫生出版社.

胥少汀, 葛宝丰, 卢世璧, 2019. 实用骨科学: 第4版修订本. 郑州: 河南科学技术出版社.

MCMANNERS H., 1998. The complete wilderness training book. London: DK Publishing.